邰启扬催眠疗愈系列

Hypnotism

邰启扬 等 著

自我催眠术
Self-Hypnosis

心理亚健康解决方案
Mental Sub-health Resolution Plans

第2版

社会科学文献出版社
SOCIAL SCIENCES ACADEMIC PRESS (CHINA)

本书著者：

邰启扬　李娇娇　鞠　星

杨　阳　刘　婷

这是一份应对心理亚健康的自助餐,对调节身心状态,提高生活质量大有裨益。

——作者题记

总　序

你听说过"巴乌特症候群"吗？那是一生都在拼命工作，突然有一天，就像马达被烧坏了一样，失去了动力，陷于动弹不得的状态。具体表现是：焦虑、抑郁、孤独、健忘、对他人的情感投入低，甚至对性生活也失去兴趣……

你听说过现代人身心症吗？表现在外的生理症状是高血压、消化性溃疡、过敏性大肠炎、支气管哮喘以及自主神经失调症等，但致病的根源却是心理因素。服药、打针或其他生化治疗方法每每难见成效。

我们有幸生活在一个伟大的时代，经济高速增长，科技日新月异，物质生活水平有了极大的提升。但硬币总有两面，世间的事总是有一利必有一弊，高速度、快节奏、竞争激烈、变化太快的社会生活使得形形色色的心理问题、心理疾病不期而至且挥之不去。据世界卫生组织统计，全球有逾3亿人罹患抑郁症，约占全球人口的4.3%，近10年来每年增速约18%，中国约有5400万患者。该组织还预测：到2020年，抑郁症会成为影响寿命、增加经济负担的第二大疾病。

除了抑郁症，还有一堆的其他心理问题与心理疾病呢。

怎么办？问题无可避免，应对才是积极的作为！

"邰启扬催眠疗愈系列"丛书向您推介一种心理治疗技术——催眠术。

催眠术具有强大而独特的作用，是解决心理问题，治疗心理疾病的有效工具。

催眠状态下，可以直接进入人的潜意识，绝大多数心理疾病的深层次根源就潜伏在潜意识中。

催眠状态下，可以让心理得到彻底的放松——情绪宣泄，任何一个人在这种宣泄后得到的感觉就是轻松，就是愉悦，就是感到重新有了活力。

催眠状态下，心理暗示的作用将得以最充分地发挥与表现，心理问题、心理疾病会有根本性的改观。

催眠状态下，开发人类潜能、调节心理状态可实现最大的功效。

强烈推荐自我催眠术。自我催眠术除具有上述功效，还有几个更诱人的特点。

自我控制——许多人对看心理医生本身有心理障碍，即害怕被别人控制；担心说出自己的隐私，自我催眠就没这种顾

— 总 序 —

忌了。

简便易学——操作过程简单，经过一两个星期的学习，任何人都可以掌握自我催眠的技术。

方便快捷——随时能进行。初学阶段可能对时间与场所还有一些要求，熟练以后，任何时间、任何场合都可以进行。

不需费用——使用心理咨询师或催眠师的服务需要一笔很大的开支，至少对于工薪阶层来说是如此。自我催眠则不需要任何费用。

如今，催眠术已成为影视作品的话题与素材，它更应当成为人们调节身心状态，提高生活质量的工具，那才是这门学科、这门技术的初心。

1990年我出版了一本小册子《催眠探奇》，至今已过去27个年头。27年间，虽时有种种杂务缠身，但我始终没有离开催眠方面的实践与研究，前后共写了12本催眠方面的书，蒙读者厚爱，还算畅销；也帮助过不少有各种心理问题、心理疾病的人们，虽然不敢说救人于水火之中，但助人走出心理困境后的成就感与幸福感真的是享受过多次，那是一种非常愉快的体验。另外，通过书这一载体，与一批从事心理咨询工作的同人结缘，大家相互切磋、共同提高，不亦乐乎？

本次出版"郁启扬催眠疗愈系列"丛书计七种，它们是：

《催眠术治疗手记》（第2版）

《催眠术：一种奇妙的心理疗法》（第3版）

《爱情催眠术》（第2版）

3

— 自我催眠术：心理亚健康解决方案（第 2 版）—

《自我催眠术：健康与自我改善完全指南》（第 2 版）

《自我催眠术：心理亚健康解决方案》（第 2 版）

《催眠术教程》（第 2 版）

《自我催眠：抑郁者自助操作手册》

其中大部分是以前出版过，印刷多次而目前市场脱销的，也有的是新近的研究成果。

估计读者阅读本系列丛书不是仅仅出于理论兴趣，而是面临着这样那样需要解决的问题。别担心，更不用害怕，问题是生活的一部分，企求它不发生是空想；想逃避它则无可能。唯一的选择是让我们一起直面心理问题、心理疾病；让我们一起应对心理问题、心理疾病。好在互联网为我们提供了沟通的便捷，除了阅读本丛书外，我们还可以在我的微信订阅号"老台说心理"里作进一步交流。

感谢社会科学文献出版社社会政法分社的同人为本丛书出版所做出的种种努力。

路正长，心路更长，我愿与大家结伴同行！

是为序。

邰启扬

2017 年 9 月 28 日

目 录

引 言 那若隐若/1
现的心理
亚健康

健康新表述／1
关于亚健康／2
心理亚健康的危害／4
愈演愈烈的心理亚健康／4
心理亚健康的现行应对
　方式／6
更为经济而有效的路径／9
解决心理亚健康问题工作路
　线图／10

第一章　催眠术与自我催眠术 / 12

催眠术是怎么回事 / 12
催眠术的应用范围 / 15
什么是自我催眠术 / 15
自我催眠术的功效 / 16
自我催眠术的特点 / 19

第二章　自我催眠的准备 / 22

场所的选择 / 22
时间的安排 / 24
良好的心态 / 25
了解你的催眠易感性 / 28
提高自我催眠易感性 / 30
强化你的动机 / 31
提出恰当的期望目标 / 36
制作催眠脚本 / 38
制作录音材料 / 40
确认自我奖赏的内容与方式 / 42

第三章　自我催眠的方法 / 43

专注与放松 / 43
自律训练法 / 51
渐进式放松催眠法 / 56
凝视催眠法 / 64
音乐催眠法 / 68

— 目 录 —

**第四章 自我催眠 / 73
实施中的
若干问题**

以什么姿势为宜 / 73
以多长时间为宜 / 74
睁着眼睛好还是闭着
　眼睛好 / 74
建立催眠后暗示与线索的
　必要性 / 75
一时进入不了状态
　怎么办 / 77
给出的暗示愈具体愈好 / 78
自我催眠时出现杂念
　怎么办 / 78
使用个性化的符号和
　表象 / 80
成功进入催眠状态信号 / 81
一定不要忘记觉醒程序 / 81
关于催眠暗示语脚本的
　使用 / 82

第五章 疲劳 / 85

简述疲劳 / 85
疲劳给我们带来什么 / 87
引发疲劳的种种原因 / 88
测查疲劳程度 / 90
问题清单与解决方案 / 96
应对疲劳的催眠暗示语
　脚本 / 99
其他应对疲劳的方法 / 105

3

第六章　失眠／109

简述失眠／109

对睡眠的种种错误认知／110

失眠给我们带来什么／113

引发失眠的种种原因／114

测查失眠程度／117

问题清单与解决方案／119

应对失眠的催眠暗示语

　脚本／122

催眠后暗示效应的

　利用／133

其他应对失眠的方法／133

第七章　冷漠／136

简述冷漠／136

冷漠给我们带来什么／138

引发冷漠的种种原因／139

测查冷漠程度／142

问题清单与解决方案／144

应对冷漠的催眠暗示语

　脚本／148

其他应对冷漠的方法／157

― 目 录 ―

第八章　怯场 / 162

简述怯场 / 162
怯场给我们带来了
　什么 / 164
引发怯场的种种原因 / 166
测查怯场程度 / 167
问题清单与解决方案 / 170
应对怯场的催眠暗示语
　脚本 / 174
其他应对怯场的方法 / 182

第九章　焦虑 / 184

简述焦虑 / 184
焦虑给我们带来了什么 / 185
引发病态焦虑的种种
　原因 / 187
测查焦虑程度 / 189
问题清单与解决方案 / 192
应对焦虑的催眠暗示语
　脚本 / 196
其他应对焦虑的方法 / 205

第十章　压力 / 209

简述压力 / 209

压力给我们带来了
　什么 / 210

引发压力的种种原因 / 212

测查压力程度 / 214

问题清单与解决方案 / 218

应对压力的催眠暗示语
　脚本 / 221

其他应对压力的方法 / 232

第十一章　孤独 / 237

简述孤独 / 237

孤独给我们带来了
　什么 / 238

引发孤独的种种原因 / 240

测查孤独程度 / 243

问题清单与解决方案 / 244

应对孤独的催眠暗示语
　脚本 / 248

其他应对孤独的方法 / 255

- 目 录 -

第十二章　强迫 / 258

简述强迫 / 258

强迫给我们带来了

什么 / 260

引发强迫的种种原因 / 261

测查强迫程度 / 263

问题清单与解决方案 / 264

应对强迫的催眠暗示语

脚本 / 267

其他应对强迫的方法 / 276

第十三章　疑病 / 278

简述疑病 / 278

疑病给我们带来了

什么 / 279

引发疑病的种种原因 / 280

测查疑病程度 / 282

问题清单与解决方案 / 285

应对疑病的催眠暗示语

脚本 / 289

其他应对疑病的方法 / 296

第十四章　抑郁 / 298

简述抑郁 / 298

抑郁给我们带来了什么 / 299

引发抑郁的种种原因 / 301

测查抑郁程度 / 304

问题清单与解决方案 / 306

应对抑郁的催眠暗示语脚本 / 310

其他应对抑郁的方法 / 318

参考文献 / 320

引　言　那若隐若现的心理亚健康

健康新表述

人类对健康的认识是一个渐进的、发展的过程。

先前的观念是健康只与身体有关，1989年，世界卫生组织对健康作出新的权威界定：健康包括身体健康、心理健康、道德健康与社会适应良好。

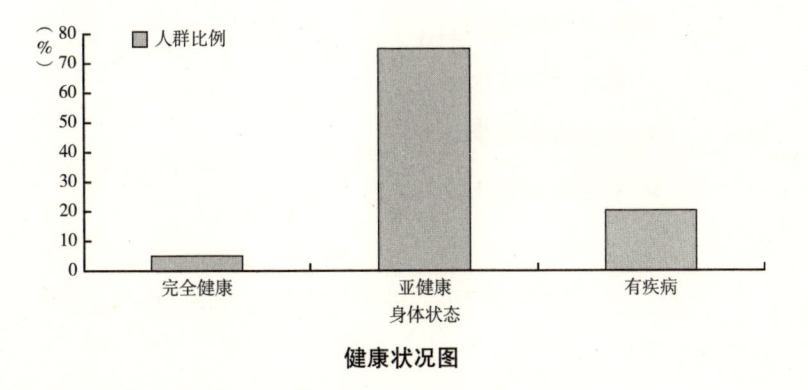

健康状况图

过去认为，一个人只要没有疾病，就是健康的。新近的研究却指出，健康状态是一个连续体，只有少部分人处于这个连续体的两端——有疾病（约20%）或完全健康（约5%），更多的人（约75%）则处于中间状态。

可见，人体在健康状态（第一状态）和疾病状态（第二状态）之外，还存在一种非健康非疾病的中间状态，称为"第三状态"，亦称灰色地带，即亚健康状态。

关于亚健康

亚健康——

处于健康与疾病之间的临界状态，即各种仪器及检验结果为阴性，但人体有各种各样不适感觉的一种健康低质状态及其体验。

机体虽无明确疾病，但在躯体上、心理上出现种种不适的感觉和症状，个体活力和对外界适应力降低等表现。

亚健康有三种形态：
- 躯体性亚健康状态。
- 心理性亚健康状态。
- 社会适应性亚健康状态。

如果一个人具有下述表现，那就说明他处于不同程度亚健康状态之中了。

引言 那若隐若现的心理亚健康

心理方面

情绪低落、精神不振、易激动、情绪不稳、头脑不清，记忆力下降、容易生闷气，对生活无兴趣、放任冲动、角色混乱、焦虑、恐惧、紧张、强迫、失眠、压抑、妒忌、罪恶感、无助感、神经质、疑病等。

生理方面

浑身无力、体力下降、易疲劳、精力不足、性功能减退、眼睛疲劳、视力下降、工作效率不高、皮肤干燥、头皮瘙痒、四肢麻木、颈背部僵硬、酸痛、头重或头痛、咽喉异物感、食欲减退、手足冰冷、心悸气短、胸闷不适等。所有这一切都找不到生物学的解释。

行为方面

冷漠、无助、孤独、空虚、自闭、攻击、冒险、物质滥用。社会适应能力差、人际关系不稳定等。

专栏1 精神抑郁与癌症

现代医学发现，癌症从本质上说是一种心理生理疾病，是由长期精神抑郁所致。这是因为，大脑皮层的机能状态对人体各器官的病理过程起着重要的影响作用。若是长期过度地刺激中枢神经，可导致大脑皮层兴奋、抑制过程的失调，由心理平衡的破坏导致生理机能的功能紊乱和免疫机制的麻痹。这样，可使人体内原来潜伏的恶性细胞激发增生，变成恶性肿瘤。不良情绪的长期恶性刺激信息，可能直接促使正常细胞发生异常变化，甚至变成癌细胞。据英国的有关统计数据表明，在250

多名癌症患者中，有 150 多人在发病前，心理上曾遭受过严重的挫折。

心理亚健康的危害

- 导致生活质量明显下降。
- 给人的身心带来种种困扰。
- 心理危机与精神疾病的前兆。
- 引发一系列身心疾病。
- 造成社会财富的损失。
- 破坏社会和谐。

愈演愈烈的心理亚健康

心理亚健康现象肯定不是今天才有的，但现阶段表现得更为普遍、更为突出也是不争的事实。联合国专家预言："从现在到 21 世纪中叶，没有任何一种灾难能像心理危机那样带给人们持续而深刻的痛苦。"美国《托萨世界报》报道说，现代社会赴医院就诊的病人中，估计有 60% 的人无特殊疾病，只不过感到痛苦而已。

原因清晰明了，那是现代化必须付出的代价。

— 引　言　那若隐若现的心理亚健康 —

专栏 2　社会也为心理亚健康埋单

美国的统计数据表明，每年因员工心理压力给美国公司造成的经济损失高达 3050 亿美元，超过 500 家大公司税后利润的 5 倍。英国所做的工作压力研究发现，由工作压力造成的代价，达到英国国民生产总值的 1%。所以根据官方统计数字，压力导致的疾病估计每年会使英国的经济损失是 8000 万个工作日，每年的代价高达 70 亿英镑。美国心理学家协会公布的一项调查结果显示，65% 左右的美国就业人士内心都是消极情绪占上风，这种情绪轻则表现为不满现状，深感疲惫；重则不堪重负，患上严重的身心疾病。

- 高速度、快节奏、竞争激烈、人情淡漠等在抑制人类的本性。
- 人们必须严格按照社会、集体的规章进行同步活动。过度紧张使许多人得了肠胃病、心脏病、脑和神经中枢系统疾病，或者陷于焦虑、抑郁之中。
- 人欲横流，导致挫折频生。
- 社会压力不断增大，令人不堪重负。
- "随心所欲"地按照自己的意愿行事几无可能。
- 生活方式与健康模式渐行渐远。

心理亚健康的现行应对方式

（1）医学界的方案

西方医学界试图以药物方式解决人们的心理亚健康问题，但效果不理想。

中国的医生用中医调理的办法，如服用中药、均衡营养、保障睡眠、多晒太阳、劳逸结合、静坐放松、适当锻炼等，但作用也不显著。

共同的原因是，心病还需心药医，生理调节对心理确有影响，但毕竟是间接的。

（2）心理学界的方案

心理专家则通过选择相关的心理测验，了解来访者的个性心理特点和现时的心理状态；综合分析有关资料，对可能存在的心理问题进行评估，排除精神病性障碍的可能，对心理亚健康状态进行分类诊断，在此基础上实施咨询与治疗。他们还使用了一系列专门治疗方式，如放松疗法、生物反馈疗法、综合疗法等，收到不错的效果。

问题是，绝大多数心理亚健康的人们不会使用这种应对方式。原因有三：

- 大多数人尤其是中国人找心理医生本身就会有心理障碍。

— 引　言　那若隐若现的心理亚健康 —

- 大部分身处心理亚健康的人还要工作，还要生活，他们不可能在家休养，没有时间接受专门治疗。
- 找心理医生是一笔不菲的费用，是否承受得起？是否愿意承受？

（3）社会支持方案

报刊书籍、网络中有关应对心理亚健康的内容不少，阅读这些文章也是有所助益的。但这些内容大多只涉及认知层面，告诉你应该怎么想，应该怎么做。读来有道理，但不一定做得到，人的认知与行为常常分离，恰如吸烟的人也知道它的危害，但就是戒不了。

EAP（Employee Assistance Program）直译为员工帮助计划。它是由企业为员工设置的一套系统的、长期的福利与支持项目。通过专业人员对组织的诊断、建议和对员工及其直系亲属提供的专业指导、培训和咨询，旨在帮助解决员工及其家庭成员的各种心理和行为问题，提高员工在企业中的工作绩效以及工作满意度。这是一个不错的选择，可惜目前在中国企业界还很少看到。

（4）个人应对方案

个体也在以各种方式与心理亚健康状态抗争，但其抗争方式每每陷入误区，典型方式有以下几种。

无视

知道自己存在问题，也知道问题可能带来的后果，但就是不去正视它、解决它。以为不去理会问题，问题就不存在或可以自动消失。

幻想

把自己置于一种远离现实的想象境界，以非现实的虚构方式来应对自己的问题并取得满足。这种空想常导致白日梦。

退行

退行则是指个体在遇到重大压力情境或挫折时，退回到较低的心理发展水平，出现与自身年龄极不相称的幼稚行为。如有些成人在遇到压力或受到挫折后蒙头大睡、装病不起、号啕大哭，都是退行行为的表现。他们想用较原始而幼稚的方法应对困难，或是利用自己的退行来获得别人的同情与照顾，以避开现实情境的问题与痛苦。

逃避

逃避有两种基本方式：一是彻底扭曲自己的体验，对生命中所有重要的负性事实都视而不见；二是干脆投靠痛苦，把自己的所有事情都搞得非常糟糕，既然一切都那么糟糕，那个让自己最伤心的原初事件就不是那么让人心酸了。

酗酒

借酒浇愁从本质上说是一种自我麻醉，它的确可使人获得短暂的解脱。但自我麻醉带来的后果会使受挫的范围更大，醒来以后压力感更强，会使人的精神世界彻底崩溃。因为自我麻醉最直接的结果是使人神情恍惚，萎靡不振，它使人不思进取，自甘堕落，思维紊乱，正常的认知加工无法进行。

吸 毒

> 吸毒是不少人在心理亚健康状态后所使用的解决方案，几乎绝大多数的初始吸毒者不是因为好奇，就是因为情绪不佳而走上这条不归路的。

以上方法非但没有解决问题，反而使问题变得更复杂、更严重。正所谓"抽刀断水水更流，举杯消愁愁更愁"。

更为经济而有效的路径

鉴于心理亚健康问题的特点，考虑应对方式的现实性与可行性，我们提出一种以自我催眠术为主体，结合认知改变与行为调适的应对心理亚健康解决方案。这一方案具有以下几个特点。

- 认知维度与技术维度同时展开。
- 意识层面与潜意识层面一并进行。
- 效果直接且显著。
- 省时，每次不超过半小时。
- 方便，任何时间、地点都能进行。
- 经济，不需任何花费。
- 自我操作，隐私得到充分保护。

专栏3　影子真讨厌！

"影子真讨厌！"小猫汤姆和托比都这样想，"我们一定要摆脱它。"然而，无论走到哪里，汤姆和托比发现，只要一出现阳光，它们就会看到令它们生厌的自己的影子。不过，汤姆和托比最后终于都找到了各自的解决办法。汤姆的方法是，永远闭着眼睛。托比的方法则是，永远待在其他东西的阴影里。

专栏4　巴乌特症候群

你听说过"巴乌特症候群"吗？那就是一生都在拼命工作，突然有一天，就像马达被烧坏了一样，失去了动力，陷于动弹不得的状态。具体表现是：焦虑、健忘、对他人的情感投入低，甚至对性生活也没有兴趣……还有一种疾病被称为现代人身心症。即表现在外的是生理症状，但致病的根源却是心理因素。这些生理症状有高血压、消化性溃疡、过敏性大肠炎、支气管哮喘以及自主神经失调症等。近年来最受人注目的现代人身心症就是"失去感情症"，具体表现是：想象力贫乏，精神有障碍，情感的感受和语言的表达被抑制，能清楚地叙述事实关系，却不能表达感情，和别人沟通有困难。他们看上去很正常，以为疾病是由生理因素造成的，但服药、打针或其他生化治疗方法，每每难见成效。

解决心理亚健康问题工作路线图

凡事需要有筹划，路线图就是一个计划书。它具有如下特点：

— 引 言 那若隐若现的心理亚健康 —

> 它使得工作目标明确。
> 它使得工作过程有序。
> 它可以做到俭省地使用资源。
> 它可以有效地实现目标。

为迅捷、经济、有效地解决心理亚健康问题，我们给出以下工作路线图：

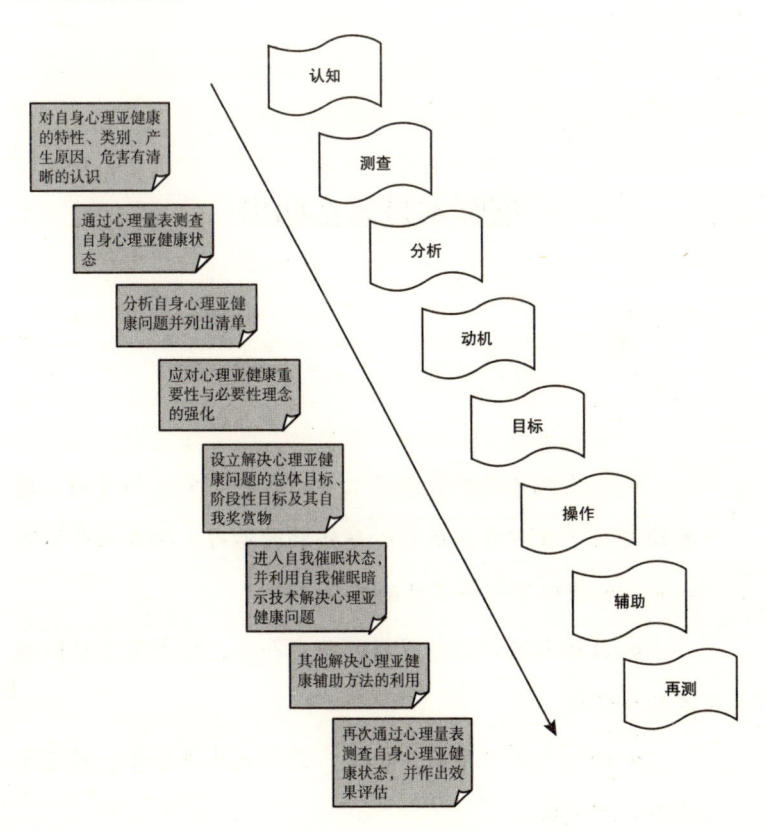

- 对自身心理亚健康的特性、类别、产生原因、危害有清晰的认识 —— 认知
- 通过心理量表测查自身心理亚健康状态 —— 测查
- 分析自身心理亚健康问题并列出清单 —— 分析
- 应对心理亚健康重要性与必要性理念的强化 —— 动机
- 设立解决心理亚健康问题的总体目标、阶段性目标及其自我奖赏物 —— 目标
- 进入自我催眠状态，并利用自我催眠暗示技术解决心理亚健康问题 —— 操作
- 其他解决心理亚健康辅助方法的利用 —— 辅助
- 再次通过心理量表测查自身心理亚健康状态，并作出效果评估 —— 再测

第一章　催眠术与自我催眠术

催眠术是怎么回事

催眠术——
一种将人导入意识恍惚状态的心理治疗技术。

- 当人们进入恍惚状态之后,无意识的大门开启,这无论是对于生理疾病还是心理疾病的治疗,抑或人的自我完善,都提供了一个绝佳的平台。
- 放松与暗示是催眠术的基本手段,它贯穿于催眠施术的全过程。
- 睡眠与催眠不是一回事,前者是生理现象,后者主要是心理现象。

第一章　催眠术与自我催眠术

- 人们在电视上、舞台上看到的催眠表演与正式的催眠术也有本质区别，前者以娱乐为目的，后者以治疗身心疾病与开发人类潜能为指向。
- 催眠术的机理至今尚未探明，部分催眠现象现代科学还无法解释。

专栏5　无中生有的生理效应

幻觉是指在没有相应的现实刺激作用于感觉器官时出现的知觉体验，包括幻听、幻视、幻嗅、幻味、幻触和本体幻觉。幻觉的产生可能是一种病态现象，也可能在暗示诱导的作用下产生。在催眠状态下，常常会产生"无中生有"的生理效应。催眠师只需对受术者作出暗示，并没有真实的刺激物作用，就能使受术者不仅在主观上产生一定的心理体验，而且生理上也产生出相应的反应。

在一个实验中，催眠师递给受术者一杯白开水，请他喝下。同时暗示他："这是一杯糖开水，里面放了很多糖，所以肯定很甜。"受术者喝下白开水后，很高兴地告诉催眠师："这杯糖水确实是很甜。"让人惊异的并不是受术者在主观上觉得这是糖开水，而是受术者在生理上的变化。对受术者进行抽血化验，竟发现其血液中的含糖量大为增高。很明显，催眠师的这个暗示，不仅引起了受术者在心理方面发生变化，也造成了其在生理方面的变化。

专栏6　骇人听闻的"人桥"现象

这一催眠现象，经常被运用于催眠表演之中，这是因为它

最具观赏性,也最有说服力,请看下例:

催眠师请出一位看上去身材娇弱的青年女子,在这位弱女子坐下后,便开始实施催眠术。他用手掌按在青年女子的头顶上,口中念念有词,良久,该女子似乎已安然入眠。这时,催眠师开始下达指令,她的身体肌肉已经变得僵硬,果然她的身体竟挺直得像一块坚硬的木板。随后,催眠师叫人搬来两把椅子,将这位看上去身体娇弱的女子置放在两张椅子之间。肩部置放在一把椅子上,脚则置放在另一把椅子上,她的身体像木板似的悬架在两把椅子之间。如此景象,使观众们惊呆了。大家面面相觑,惊叹不已。催眠师接着请来两位女观众,脱下鞋子踏踩在这位身体僵硬的受术者身上。这位弱小女子竟能挺直身体承受住这样的重压。

专栏7 不可思议的后催眠暗示

"后催眠暗示"指在催眠状态时,催眠师对受术者施以暗示,要求受术者按照催眠师的指令,在醒后的某个时刻执行某种行动。当受术者清醒以后则会忠实地执行这个指令,无论这个指令有多么的荒诞,受术者也会照做不误。

苏联《社会主义工业报》中一篇介绍催眠术的文章提及,催眠师对一位受过高等教育的科技工作者实施了催眠术,并暗示他,要以比平时加倍的速度完成一系列的实验并记录实验结果。于是,在这之后,他便变得急如星火地工作,好像生活在加快了的时间里。在隔音室内,他一天干的工作通常比在实验室干的多一倍。并且,一昼夜的时间里他两次躺下就寝。

不仅如此,这位受术者的呼吸也变快,脉搏跳动次数增多,新陈代谢大大加剧。这不是自测或直觉观察的结果,都是经过仪器精确记录下来的,他的生物节律确实在加快。其他许多人也参加了类似的实验,在他们身上也取得了大致相仿的结果。由此可见,这并非个别的、偶然的现象,而是具有普遍意义。鉴于此,研究人员改变了实验的方向——暗示被催眠者时间过得慢一半。其结果是人们开始不慌不忙地行走,说话声音拖长,工作马马虎虎。他们身体的新陈代谢也变得缓慢起来,生物节律明显放慢。在他们身上,正常的时空概念失去了应有的效应。

催眠术的应用范围

> 心理疾病的治疗。

> 心因性生理疾病的治疗。

> 镇痛、麻醉。

> 心理调节与心理康复。

> 学习效率提高与潜能开发。

> 体育方面的运用(消除疲劳、增强自信、增进技能、体能等)。

> 司法和军事方面的应用(审判、情报等)。

……

什么是自我催眠术

自我催眠术是指自己诱导自己进入意识恍惚状态,利用"肯定暗示"促使潜意识活动,从而实现治愈疾病、调节身心目的的一种技术。

在自我催眠中，自己是催眠指令发出者，同时又是催眠指令的接受者。虽然大多数人没有正式对自己实施过自我催眠术，但几乎所有的人在生活中都有过自我催眠的经历。极端的例证是宗教活动中的毒药试罪法。

自我催眠术的功效

自我催眠术的功效表现在以下几个方面。

> - 自我催眠术能有效地改善自己。
> - 自我催眠术能调整自我身体状态。
> - 自我催眠术可以调节情绪状态。
> - 自我催眠术可以调整自我心态。
> - 自我催眠术可以提高行为效率。
> - 自我催眠术可以开发自我潜能。

专栏8　弗洛伊德的催眠实践

有位太太，不能给她的孩子喂奶。经人介绍，来到弗洛伊德的诊所就诊。弗洛伊德果断地对她实施了催眠术。这次，没有花费多长时间就使患者进入催眠状态。在催眠状态中，弗洛伊德反复向患者暗示：你的奶很好，喂奶过程也令人愉悦等。两次以后，患者康复如初，催眠后暗示也完全成功。令人啼笑皆非的是，患者的丈夫唠唠叨叨，说催眠术会把一个女人的神经系统给毁了,病愈完全是上苍有眼,与弗洛伊德无关。弗洛伊德对此并不介意。他只是感到喜不胜喜,因为,一种新的疗法被证实了!此后,他在医疗实践中频频使用催眠术。丰富的实践和天才的智慧使弗洛伊德愈来愈坚信:催眠术是开启无意识门户的金钥匙。

专栏9　毒药试罪法

美国心理及精神科医生施瓦茨博士在《心灵遥感之谜》一书中有这样一段描述:

《马可福音》中说:"若喝了什么毒物,也不必受害。"有一些教徒将这段经文奉为命令,经受马钱子的考验。马钱子是一种容易找到的剧毒药草,广泛用于灭鼠剂。毒药试罪法颇为罕见,教徒们认为吞食马钱子是对信念最严格的考验。这种考验多在仪式的高潮中进行。我们观察到的例子是两个年龄分别是52岁和69岁的男子在吞食马钱子。

随着一阵乱糟糟的吟唱《复活颂》的声音,老教徒掏出小刀剔掉满满一瓶马钱子的封口,用刀口挑了一些毒药倒在一杯水里。他搅了搅,在12秒钟内连喝了两三大口,随后将杯子递给那位朋友。他也喝下大致同样的分量。"在我的肚子里它就像凉水一样……味儿比蜜还甜。"两个教徒喝下去的马钱子略多于80毫升。

然后,两人立刻重新开始祷告,跳来跳去,拍手唱歌。8分钟后,那位年轻一点的教徒豁达地同意取血进行分析。26分钟后,他提供了尿样。他们吞服马钱子后始终没有出现抽筋、惊厥或其他症状。

由于马钱子极易于肠胃吸收,用它来进行试罪十分罕见。

5~20毫克的剂量就会产生痉挛，并可在15~45分钟内致死。马钱子的特点之一就是会产生感官刺激，如疼痛、痉挛等。与巴比妥酸盐等毒品不一样，长期服用马钱子不会产生抗药性。

专栏10　练习者如是说

　　许多经常做自我催眠的人认为，自我催眠术给他们最大的和最经常的帮助就是改善自我的状态。许多大公司的经理人员、即将面临重要考试的学生以及其他人，常常处于高度的心理疲劳状态之中，他们时时感到紧张、焦虑、头脑昏昏沉沉，思路很不清晰，情绪也烦躁不堪。最大的愿望是埋头睡上三天，事实上又不可能。这些人如利用工余课间的片刻休息时间，做上一次自我催眠，他们的疲倦感、紧张感就会一扫而光。还会感到头脑清楚，耳目一新，精神振奋，心情愉快。一言以蔽之，通过简单的自我催眠施术，自我的状态得到了很大的改善。

专栏11　调节生理状态的良方

　　许多人乘车、乘船、乘飞机时会发生眩晕、呕吐现象，有时即使是事先服药也无济于事。但自我催眠术却可以从根本上解决问题。具体方法是，在自己已进入催眠状态，额部凉感出现以后，以想象法与精神强化暗示相结合，进行自我训练。在训练了数周以后，在生理上和心理上都会于潜移默化之间增加对乘车（船、飞机）眩晕的抵抗力，而达到克服晕车、晕船的目的。

其他一些身体上的毛病，如头痛、肩酸、面部痉挛、风湿症、尿频症等，经过自我催眠，也会得到不同程度的改善。自我催眠不仅可使病态的身体能有不同程度的康复，而且也能使身体焕发出巨大的力量。据报道，韩国的运动员在每天晚上临睡之际，都要想象一番自己与主要的对手争夺时的情形，以及自己是如何战胜对手的。据说这不仅可以增强自信心，而且也利于体内各种能力的培养与发展。

自我催眠术的特点

自我催眠术所具有的一些特点特别适用于应对心理亚健康的诸多问题，这些特点如下。

自我控制

自我催眠从开始到结束都完全由自身控制。许多人对接受催眠治疗有心理障碍（害怕被别人控制；担心说出自己的隐私）；催眠术的消极影响之一就是会产生对催眠师的过度崇拜、依赖，甚至会发生移情现象（弗洛伊德就因此而放弃催眠术）。在自我催眠中，由于自己既是指令的发出者，又是接受者，不可能发生上述现象，也不会有不必要的担心。

功能独特

治疗各种身心疾病,他人催眠具有不可替代的作用(因为那通常需要较深的催眠状态),而在调整自我心态、提高身心效率、开发自我潜能等方面,自我催眠则有其独特的功效,并具有持久性与稳定性。因为自我催眠可以借助意识领域向潜意识方向移动的功能,扩展心理的活动范围,达到客观观察自己的性格和欲望的状态,使之容易清晰地洞察自我,有效地调节自我。

必有效果

正式的催眠活动中有5%~10%的人完全不能进入催眠状态,但在自我催眠活动中,只要是经过一段时间的训练,不可能出现完全没有效果的现象。至少可以进入放松(身心放松)状态,而这种状态就会对人有所助益。

简便易学

操作过程简单,依照我们所提供的方法与路径,经过一两个星期的学习,任何人都可以掌握自我催眠的技术。

方便快捷

自我催眠术方便易行,无须去看医生,随时能进行,从而备受人们的青睐。初学阶段可能对环境与场所还有一些要求,熟练了以后,在任何时候,任何场合都可以进行。

不需费用

享用催眠师的服务是一笔很大的开支,至少对于工薪阶层来说是如此。从事自我催眠则不需任何费用。

— 第一章 催眠术与自我催眠术 —

专栏 12　乔治的变化

乔治 48 岁，是一位推销员，腰下部的疼痛已经折磨了他七年。在这期间他做过椎间盘手术并服用过各种止痛的药物。

疼痛几乎影响到了乔治生活的各个方面——睡眠、性生活、锻炼、社会交往、跳舞，甚至他的工作热情。直到最近，当对药物治疗过敏时，他开始尝试使用催眠。

8 周后，他较好地掌握了催眠技术，并取得了和当初药物治疗时相当的止痛效果。6 个月后他感受到了自手术以来从未有过的舒适和自在。

一年后据他汇报，过去受疼痛影响的各方面都得到了显著的改善，而他也不再需要任何的药物治疗了。

第二章 自我催眠的准备

要想有效地实施自我催眠,并达到预期的效果,一系列的前期准备工作必不可少且需精心安排。

场所的选择

对于自我催眠初学者而言,在练习时要尽量避免外界的干扰,在场所选择时要注意下述问题。

➢ 房间的大小

房间太小容易使被催眠者有一种束缚感或被压迫感,太大则会有精神散漫之弊,10平方米左右的房间比较合适。

➢ 室温

室温不宜过低或过高,过冷会使人紧张、注意力不集中,过热会使人感觉闷热,以20℃~25℃为宜,以自我感觉舒适为度。

> 照明

催眠室内不要光线太强，或灯管有故障一闪一灭。

与直接照明相比，柔和、间接照明最合适。挂上窗帘，防止阳光直射。打开落地灯（落地灯比头顶灯好），让灯光照向墙壁、窗帘，对于10平方米的房间使用40W的灯就足够了。

> 房间的色彩

房间的色彩以奶油色或淡绿色为佳。这种颜色给人以宁静、舒适、安详的感觉，有利于自我催眠练习的顺利进行。粉红或红色过多，给人以焦躁不安的感觉；深蓝色或黑色则又可能使人心境沉闷。白色墙壁的房间，只要控制好光线，让反光不太强也就可以了。

> 声音、气味及其他

场所以安静为宜，应避免喧闹声、楼道脚步声、水管流水声以及家用电器的声音等。

避免放置有刺激性气味的东西，比如木材味、涂料味较重的房间尽量不使用。

最好避免空调或电风扇的风直接对着人吹。

> 家具和装饰

家具、墙壁、地板、布帘和地毯的装饰应力求简洁、素雅，减少无关刺激物，不因此而分散注意力。

当练习者达到一定的熟练程度，能够自由出入恍惚（催眠）状态时，对练习环境的要求便可适当放宽。可以选择某个比较隐蔽的室外场所——鸟语花香的庭院、清新宜人的公园，或是海风拂面的沙滩，在大自然的怀抱中练习自我催眠。甚至有不少练习者在候车厅、候诊室等地利用等候的间隙练习自我催眠。

时间的安排

练习频率——每天1~3次，每次15~20分钟。

何时练习——自由地决定练习时间，根据喜好，根据可能。一般来说，早上练习效果最好，有人误以为昏昏欲睡之时容易进入催眠状态，实际情况是适度清醒的时候进行练习，效果最好。

进入催眠状态所需时间——对于初学者而言，可能要花较长的时间才能实现放松和达到内心的平静，进入催眠状态可能需要15~30分钟。但当你练习的次数越多，导入技术日臻成熟时，你可能只需要8~10分钟。

专栏13　噪音的利用

在自我催眠过程中，有的声音还可能起到加强催眠效果的作用。例如，电动机的转动声，节拍器的声音等，都可以起到辅助催眠的作用。这是因为单调、重复的刺激有利于大脑皮层进入抑制状态。但如果声音是突然的、断续的、无规律的，就只能起到相反的作用了。

你甚至可以利用外界的噪音来放松和进入自我催眠状态。

— 第二章 自我催眠的准备 —

首先需要做一点调整,不要把这些无法避免的噪音当做阻碍,而要当做帮我们进入自我催眠的助手。在感知这个世界的过程中,适时地转变观念是很有必要的。如果噪音来自过往的车辆,可以给自己这样的暗示:"当飞机的声音接近时,我可以把所有的紧张和担忧打包。等到声音离我最近时,我可以把这个装满压力和问题的包裹丢到飞机上,让飞机把它们带走。"当引擎的声音渐渐在耳边消失时,想象你肌肉中的紧张和压力也随之消失。

催眠过程所需时间——在自我催眠中,你想要实现的转变越多,或目标越复杂,你在催眠中花费的时间就会越长。

专栏 14　迷你催眠

也有不少熟练的练习者每天会进行多次的"迷你自我催眠"——每次只花费 3~4 分钟。即使是这样简短的练习也能让你获得有效的放松。当然,这建立在长期规律实践的基础之上。由于暗示效果具有累加性,重复是一种很成功的策略,通过重复的练习,能更快地进入催眠状态,并从中获得更大的收获。

良好的心态

良好的心态有利于顺畅地进入自我催眠状态。

自我催眠术：心理亚健康解决方案（第2版）

责任感——要想掌握自我催眠，最为关键的秘诀是树立起对自己和对生活的责任感。如果你相信你的角色和生活都是由他人、命运或是某种神秘力量掌控，你又如何能够改变它？当你把生活的责任交付给他人时，你也出让了创造和改变自己的力量。所以，成为优秀自我催眠师的第一步便是有意识地声明自己创造生活的权利，按照自己的期望去塑造它。从对自己和对生活承担责任做起——不管是生活中积极的、光辉灿烂的一面，还是消极的、遍布阴霾的一面，统统承担起对它们的责任吧。

认识自己——要真切地认识到你是谁。你是如何变成现在这个样子的？只有真正知道你是谁，你才能知道从何改起。我们当中的很多人每天都体验着同样的想法和感受，不断重复往日的行为习惯。生活就如同一个老唱片机重复着相同的旋律和节奏。有些固定模式是好的、有益的，而有些却需要改变。也许当我们发现自己在墨守成规时，已经记不起它们是如何开始的。想要真切地了解自己，最好的方法是自我监控，观察自己的想法和感受。每天花5分钟，进行2~3次，静下心来观察自己的想法和感受。

创造性与生俱来。仔细瞧瞧你的生活，你会发现自己创造了周围的一切：你的人际关系、你的工作、你的心理状态（喜悦、幸福、伤心、生气、爱、恐惧等）、你的财富——所有的一切，我们都是令人惊叹的造物主。你的勤于发现和对自己的认可将进一步提高你的创造力。这一认识将如催化剂

第二章 自我催眠的准备

一般,帮助你更好地创造自己的生活。所有的念头都变成创新的种子,你将成为一个自觉有效的创造者———一名优秀的自我催眠师。

愿望和想象力——任何事物都是一定愿望的产物。愿望是一种催化剂,是一股驱动力,促使我们去创造。而想象力(包括充满想象的感受、能量或念头)则能为我们清晰地勾画出创造产物的蓝图或草图。环顾四周,你所看到的一切都是不同的愿望和想象力相互作用的结果。优秀的自我催眠师能意识到这些事实,并将愿望和想象力协调统一起来。如果你的愿望是强烈的,清晰而充满想象力的念头会鼎力协助你实现愿望。这样的创造总是成功的。

信念——变化是我们生命当中很自然的一部分。我们整个宇宙也在不断地运动变化。季节更替,年华流逝,所有的动植物都在成长和变化。我们体内老的细胞衰亡,继而被新的细胞取代。改变是万物的本性也是你的本性,所以,我们期待自身能发生一些改变是再自然不过的事情了。

当你改变的期望越来越强烈和集中,且你对自己实现这种改变的能力有了更清楚的认识,在生活当中你便会更具能动性,付出的努力也会更加有效。你一定能收获自我催眠所带来的改变,所以从现在开始相信自己的创造性,培养自己对催眠效果的预期,着手实现积极的自我转变。

了解你的催眠易感性

自我催眠易感性等同于自我催眠可能性，它是指练习者被自我催眠的能力，即能被催眠的难易程度。下面介绍一些简便易行的自我催眠易感性的测查方法。

➢ 双眼露白

找一个旁观者，或者准备一个相机、摄像头为自己拍摄。双眼的眼珠尽量向上翻，此时让助手观察或拍摄。如果你的双眼露出的黑色越少，白色越多，你的自我催眠易感性就越大。

➢ 谢弗如摆锤

它由一个玻璃球或锥体以及系于其上的一根链子组成，练习者提着它，就像钟摆一样。测验时，要求练习者用一只手提住摆锤上方的链子，并想象摆锤正在沿着某一方向运动——由一边向另一边运动，或者转圈。练习者的眼睛既可睁开，也可闭着；可站立，亦可坐下，还可以把肘部支撑到某一物体之上。如果摆锤不按想象运动，稳定地保持原来位置，这就说明练习者的自我催眠易感性较差，反之则较强。

专栏 15 我能被催眠吗？

....

我们常常会听到身边的人说"我是不可能被催眠的"。你也许很想知道到底哪些人才能够被催眠。研究发现，约有95%的人都有相当程度的催眠敏感度，其中5%的人，非常容易被

第二章 自我催眠的准备

催眠，另外 5% 的人，很难被催眠。大部分的人都能够被催眠，只是有些人，必须施以反复、长时间的诱导，例如两三个小时，才能进入催眠状态。催眠大师米尔顿·埃里克森就经常使用无聊、重复的语言，经历漫长的时间，成功地催眠了别的催眠师视为很难被催眠的人。而真正无法被催眠的人有哪些呢？艾伦博士（Alan B. Densky）认为智商低于 70 分的人无法被催眠，严重的精神病患者或非常年老的人也无法被催眠。他曾为大量的 85 岁左右的退休老人成功实施催眠，由此他认为，对绝大多数人而言，催眠是一个有益的并且潜力无限的工具。那么，对于那些仍然坚持自己无法被催眠的人，你属于哪一类呢？你的智商很低，你的精神疾病很严重，还是你已经老朽不堪？

➢ 上肢悬浮

练习者坐着或者站立着，两臂平伸于前方。想象有一只手（左手、右手皆可）由于系着氢气球而变得越来越轻。如果练习者的易感性好，那么过了一会儿之后，想象变轻了的那只手必定比另一只手高出许多，反之，则易感性较差。

➢ 上肢沉重

上肢沉重是上肢悬浮测验的相反形式。测验时，练习者仍将双臂伸于前方，然后想象一只手变得愈来愈沉重，并猜想这或许是由某种物体压放在手臂上所致。若练习者的易感性较好，那么他的这只手就会逐渐压低；而另一只手则能对抗引力的作用，维持在原来的高度。

> 手掌吸引

测验时，练习者伸出双手，掌心相对，两手距离约20厘米。然后，练习者想象双手受到某种力量的牵拉，正在向一起靠拢。有时，也可以想象两手各拿一块磁铁，磁力使其两手被吸引到一起。如果练习者的易感性较好，那么他双手间的距离将会减小，甚至紧贴到一起。

提高自我催眠易感性

想象力与自我催眠易感性之间有着十分密切的联系。米歇尔·塞缪尔博士（Dr. Michael Samuels）和南希·塞缪尔（Nancy Samuels）编制了一些练习来培养人们的想象能力。下面便是从中选取的部分练习，你可以使用它们来提高想象技巧：

- 盯着一个平面的几何图案——一个正方形、圆形、三角形或是类似的图形。然后闭上眼睛，试图在脑海中浮现出你看到的图形。
- 观察三维空间里的一个物体，比如一个橙子、一杯水或一盏台灯。闭上眼睛，在脑海中想象它的样子。
- 想象你小时候上课的教室的样子。
- 回忆一下你的房子，你正在其中，从一个房间走到另一个房间。
- 在脑海中想象一个你认识的人的样子。

― 第二章 自我催眠的准备 ―

- 想象你在镜子中的样子。

每天做这些练习，坚持一个月。你会发现自己的想象是多么的生动和富有创造性，自我催眠的成效也会随之提高。

强化你的动机

➢ 明确目标

现在请拿出一张纸来，思考一下你想要创造一个什么样的状态，或是你想要改变的是什么样的状态，把你能想到的答案都写下来。接下来，结合你刚刚所写的句子，重新写一个最能反映出你的目标的句子。

专栏 16　关于催眠感受性的新理念

长期以来，人们将催眠在临床上的使用和感受性测试的分数联系在一起。在治疗中采用催眠的医生们通常会先给病人做一份这样的测试，来看看催眠成功的可能性有多大。

最近几年的研究表明，即使是那些感受性测试得分很低的人也能够被催眠。催眠技术的种类不计其数。如果一个受试者在感受性测试中得分很低，这只能说明他对测试中所使用的技术不敏感，这种催眠技术不适用于这个受试者。

很多人开始相信只要采用合适的催眠技术，事实上所有的人都能够享受到催眠带来的益处。关键就在于找到适合个人的催眠技术。

以疲劳为例，由于长期的忽视与逃避，疲劳感不断堆积，我们的身心日益不堪重负。那么我们可能会写下以下的句子来描述目标：

> 我想甩掉身体和心理上的疲劳感。
> 我想变得精力充沛、神采奕奕。
> 我想停止忽视与逃避，尽快着手应对疲劳。
> 我想要获得高质量的休息。
> 我想更加高效地应对工作和生活。

现在，让我们把上面的句子精简为一个句子，搞清楚我们最想要创造或改变的是什么。这些句子不仅能反映出我们的目标，同时还能帮助我们了解自己为什么想要做出这样的改变。我们可以将以上动机归纳为两个层次，第一层是要消除疲劳，这是我们想要改变的东西，也是我们显而易见的目标。第二层是要改善自身的工作和生活的状态，提升效能感。这是更为深层次的目标。现在可以写下我们的目标了。

专栏 17　自我催眠要达到何种深度才有效？

由于个体间存在的差异，不同的人所能达到的自我催眠的深度不一样。有些人只能达到浅度催眠，有些人能够进入中等

第二章 自我催眠的准备

深度的自我催眠，而还有些人能达到更深的催眠状态。诚然，深度的催眠状态有时确实是需要的，例如在治疗性的催眠中。受试者能够进入深度的催眠状态，可能是有利的，但这已经不是必需的情况了。

不同的深度，同样的效果。也许你只能到达较浅的催眠深度，但他们能够收获的益处你也同样能够获得。因此，对于最新的催眠技术如埃里克森式催眠、神经—语言研究程序等而言，催眠深度已经成为影响催眠成功的最不重要的一个因素。

....

我将消除疲劳，提升我的效能感。

这样的目标简单、明确、有力。

> ➢ 找出目标背后的动机

为什么你想要实现这一目标？列出你认为最重要的 5 条原因——判断标准是这些原因能让你感到振奋和激动。因为潜意识掌管着你的情绪，所以当一个暗示带有强烈情绪时，暗示的强度就会增加。也正是这个原因，爱和恐惧成为最能促进创造的两种情绪。下面是我们想要消除疲劳的 5 条原因或动机。我想消除疲劳，这是因为：

我向往身心轻松的感觉。
我应该拥有良好的身心状态。
我想以更好的状态示人。

我想要更好地应对工作和生活。
我想要成功。

现在让我们改写上面的句子，注入我们的情绪，使它们更加有力。

身心轻松的感觉好极了，我非常向往这种感受。
我年轻、健康，精力充沛、神采奕奕才是属于我的状态。
我想让身边的人都能感受到我时刻保持着最佳的状态。
我想要更加得心应手地驾驭工作和生活。
我将充满效能感，成为一个成功的人。

这些句子有力地表达了我们的动机，同时也向潜意识传递了我们的情绪。

> ➢ 发现和克服障碍

发现障碍——在实现目标的道路上会遇到哪些障碍，列出你能意识到的所有困难。

我常常选择逃避疲劳，期待它自动消失。
我缺乏消除疲劳的动力，还总是以疲劳为借口推掉一些事务。

— 第二章 自我催眠的准备 —

我以别人也疲劳为理由来宽慰自己,主动性不够。

我容易给自己打退堂鼓,觉得自己无力解决。

疲劳感不断增加,我常会破罐子破摔,任由它发展。

仔细看看我们列出的原因,不难发现,所有的障碍事实上都源于我们的陈旧信念——自我挫败。回避、害怕失败、缺乏自觉性、动力,这些都是自我挫败的不同表现形式。

> 克服自我挫败

在自我催眠脚本中使用直接暗示来克服。暗示时,不要对这些障碍使用消极暗示,这会让我们更加注意到自己的不足。换一个说法,使用积极的暗示效果会更好。举个例子,将消极暗示——"我将克服回避,克服自觉性、动力不足的现状",换作积极暗示——"每天的练习都有助于我消除疲劳,改善状态,每天我都向目标迈进了一步。我的潜意识会激发我的创造力,帮助我更高效地休息,更积极地投入工作和生活中。每一次的练习都将令我更加充满动力。"

专栏 18 动机的重要性

....

著名心理学家和催眠治疗师保罗·萨克多特(Paul Sacerdote)在他教的两组学生中发现了显著的差异。一组是由病人组成的,他们中的大多数人长期饱受疼痛的折磨,他们亟须缓解种种不堪忍受的疼痛,逃离疾病的摧残或痛苦的治疗,如化疗。

另一组则是由感兴趣的个人组成的，包括医生、治疗师、护理专家。他们学习的目的是丰富知识，增加对催眠的了解。

请你来猜一猜，哪一组能够更快掌握催眠技术？哪一组能获得更大的成功？

病人组的成员拥有最强烈的动机，毫无疑问，他们会学得更快，获得更大的成功。

提出恰当的期望目标

➢ 设定可以达到的目标

假如你的潜意识觉得目标设置得太遥远，力所不能及，就算你的意象和暗示再清晰，描述得再具体，也没什么效果。

➢ 小步伐前进

如果目标比较遥远，无法一步实现，你可以先设置一些中间目标或阶段性目标，在上一个小成就的基础上来追求下一步的成功。世间几乎没有什么速效药。催眠也是这样。

➢ 制定时间表

假设你的目标是减肥，你想要减掉80磅。你不妨将80磅划分为一个个小目标，再制定一个时间表，例如试着每周减去3磅，或是8周减去15磅。

➢ 循环的成功取代循环的失败

当你将庞大、遥远的目标划分成更合理、更易实现的小目标时，潜意识也更能接受这个目标，并朝着它努力。同时，小目标——实现的过程中,还能持续不断地体验到成就感、满足感。它们能够增强你的耐力,让你更坚定去实现下一阶段的目标。

专栏 19 吉尔的成与败

吉尔是一名学生,她想要增强自信心。这本是一个通过努力可以达到的目标。她在暗示中说道,对于自己将做的每一件事,她都会越来越有自信。她还就这个目标对自己进行了充分的催眠后暗示。但令她失望的是,几周的练习后,收效甚微。

吉尔失败的原因在于,她没有清楚地定义自信,不明白自信对她究竟意味着什么。她需要找出自己希望在生活中的哪些领域里表现出自信。

她想在哪些情境和场景中表现出自信的品质,弄清楚这一点是很重要的。对吉尔来说,她希望自己在和父母相处时能显得更加成熟,更加自然。她还希望自己在大学的学习中表现得更加坚定自信——对自己的正确观点要坚持到底。

吉尔重新将自己的催眠暗示和可视化想象集中到这些具体的目标上。在脑海中她看到自己正在按设想的方式行事。她还在脑海中列举了一些自己想要学习的榜样,学习他们为人处事的方法。她将这些榜样合并到了自己的暗示和意象当中。

几周内,她便从父母和同学那里获得了积极的反馈。发现自己朝着新目标迈进了一大步。现在吉尔对自己想要实现的目标有了更清楚的认识,潜意识中也有了更清晰的画面。

制作催眠脚本

在利用自我催眠技术解决具体问题的时候，少不了要使用催眠脚本，即一套针对你所面临的某种问题的自我催眠暗示语（我们在后面将提供解决各类心理亚健康问题的脚本范式）。这个脚本最好是由自己制作，至少是改编。这里说一下制作与改编时的注意要点。

➢ 语言的力量

语言对我们的创造力影响巨大。在任何语言中，"我是"（"I am"）两字是最具创造性的。"我是"是一种有力的宣言，它反映了此刻的你决定成为一个什么样的人。如果你随口说道，"我十分厌倦这份工作"并不断地对自己重复，你便真的会创造出对这份工作的厌倦感。

➢ 使用现在时

用现在时态来组织暗示语，这一点非常重要。如果你是这样对自己说的："我将完成我的网站。"你就有可能把完成网站这件事无限地往后拖延。你不妨换一个更为有效的暗示指令，如"我正成功地设计着我的网站"。

➢ 保持积极

总是使用积极的语言来组织暗示，因为积极的语言能够促成你所期待的改变。不要使用带有自我挫败色彩的语言，因为它们会提醒你的潜意识，让它想起旧的信念系统，而这可能正是你想要改变的。例如，与"我的注意力不再涣散了"相比,"我是一个能量强大的磁场"这个暗示就要好得多。

> 学会具体化

将注意力集中到你想表达的愿望上,别走神。将心中的愿望变得尽可能地具体、明确,围绕这些愿望写出你的暗示语,让这些言语成为你愿望的坚强后盾。

> 使用清晰、简单的语言

当你和潜意识对话时,请把他/她当成一个聪明伶俐的孩子。最好的语言应该是简单、直接、清晰并易于理解的。

> 使用简短、中等长度的语句

短句通常比较清晰,易于理解,同时听起来也更有力。句子越长,意思便可能越复杂,越难理解。在写暗示语时要避免这种长句子,尽量使用短的和中等长度的句子。

> 使用能够激活想象力的词汇

在撰写脚本时,尽量选取那些令人激动的、强有力的,能激活你的想象力,能震动你的心弦的词句。记住,潜意识是想象力和心灵居住的地方。例如,使用形容词时,你可以使用绝妙的、惊叹的、完美的、了不起的、梦幻般的、伟大的……当你念叨着这些词的时候,感受它们穿过你的整个身体,渗透到每一个细胞和原子当中。这些感受会向你的潜意识传递强有力的信息。

> 符合现实

如果意识不相信你对潜意识做出的种种暗示,那么这些暗示很难起作用。如果你的信念与你做出的暗示相互矛盾，那你也很难获得成功。放弃那些阻碍和羁绊你实现梦想的信念，你定能获得成功。搞清楚信心和目标的关系很重要，一个好的自我催眠脚本应能助你相信自己的能力，相信自己能够实现梦想。

> ➤ 表象的使用

潜意识用图像和符号进行编码，所以对图像和符号最为敏感。在脚本中，你可以想象自己梦想实现时的情景，体验那些因成功接踵而来的狂喜（脑海中、身体里、精神上）。

> ➤ 重复的力量

每当你重复愿望时，你的潜意识都能听见。你重复的次数越多，潜意识就越有可能发挥作用，帮助你去实现它。特别是当你坚定、自信地重复这些愿望时。了解这一点很重要。当你陈述愿望时，潜意识能识别出你所倾注的力量，它也会相应地做出反应。所以，拿出自信来，这样你的成功也会更有保障。在你的脚本中，你可以用多种不同的方式来重复陈述你的愿望，记住，要使用积极、有力的语言。

制作录音材料

自我催眠术是一种非常个性化的操作过程。每个人对环境、语气、音调、音乐、暗示语、时间等方面都有各自的要求和最佳适应度。虽然你使用买来的商业性光碟也很好，也能收到不错的效果，因为它是由专业的催眠治疗师编写而成，能给予你正规的指导，而且方便、省事，初学时应该使用专业的光碟。但是这种光碟很大众化或普遍化，只有自我制作的催眠录音带才具有相应的个性化特点，才符合自己的要求，因为特别针对你自己的目标设计，因而效果会更显著。

把编制的脚本制成录音，作为自我催眠时的催眠指令和暗示语，这可以帮助你专注地进行自我催眠，而不必在导入催眠状态时还要忙着思考暗示语和象征符号。下面说说制作录音材料时要注意的问题。

➢ **掌握最佳的音调和语速**

音调平和，有自信。注意抑扬变化，不要太低沉，也不要太高亢。朗读脚本的速度不能太快，比你平时讲话速度慢三分之一。

➢ **选择自己喜欢的背景音乐**

音乐在影响我们行为的过程中发挥着相当大的效应。快拍音乐能使我们惊起和清醒，缓慢、宁静的音乐能使我们平静、肌肉放松。自然界的韵律同样令人觉得非常安详、振作和轻松。从海洋里散发出来的哗啦声、叽叽喳喳的鸟叫声、雨声、风刮过树林的沙沙声以及松鼠的叫声等，这些声音对我们都有一定的影响力。

➢ **选择适合自己的暗示语内容**

在自己制作的录音光碟中，完全是依据自己的目标编写和设计自我暗示语以及想象内容来进行诱导催眠和催眠后暗示，这样的催眠更具个性化，效果也更佳。

— 自我催眠术：心理亚健康解决方案（第2版）—

录音材料的主要内容根据自我催眠过程可分为三个部分：进入自我催眠状态阶段、针对目标积极暗示阶段和苏醒阶段。

确认自我奖赏的内容与方式

在每次的自我催眠练习中，如果你发现自己产生了某些显著的改变，不妨给自己一些奖赏。久而久之，大脑便会将你获得奖赏时的愉快感受与自我催眠联系起来。由于你渴望得到更多的奖赏，你也会更加乐于练习自我催眠。

- 对练习者而言，目标的达成、改变的实现都能使其产生愉快的体验，因此它们本身就是一种奖赏，将激励着我们坚持练习。
- 奖赏的项目依自己的喜好而定。
- 奖赏可以是任何一件令你感到快乐的事或物，但也要注意避免使用可能会使我们功亏一篑的奖赏。例如，减肥的阶段目标达成后，你可以奖赏自己看一场电影，或买一件漂亮的衣服，而不是去吃一顿大餐。
- 奖赏应在实际看到成效后给予。
- 目标达成后，奖赏应及时，这样愉快的感受才会和自我催眠的努力紧密联系起来。
- 奖赏不能太频繁，每隔几周才给你自己的成功一个奖励。

第三章 自我催眠的方法

专注与放松

　　进入自我催眠状态的两个前提是：思想的专注与身心的放松，无论采用哪一种自我催眠方法，专注与放松都必不可少。
　　因此，在学习自我催眠术之前，必先进行专注与放松训练。

（1）进入专注状态

　　自我催眠过程中，练习者的意识范围会变得狭窄，注意对象由外部世界转向自身，同时注意的集中程度在不断提高。因此，自我催眠是一个心理指向由外到内，专注范围由广到窄，专注程度由浅到深的过程。为使专注成功实现，需注意以下问题：

- 调整练习时的姿势，或坐或卧，但一定要让自己感到舒适。
- 练习场所要安静，保证练习过程中不会被他人打扰。
- 将注意力集中于自己的躯体，在脑海中想象身体的每一部分、每一组肌肉的样子。拉伸、舒展全身的肌肉，释放所有的压力，获得身体上的放松。
- 抛开世间一切烦心事，只专注于当前。尽情去想象，想象那些让你感到放松和愉悦的事物和美景，以获得心灵上的放松。

（2）呼吸放松法（腹式呼吸）

呼吸是一门非常古老的放松技巧，瑜伽练习者们从很早以前就开始使用这种方法来获得内心的平和与宁静了。著名心脏病专家赫伯特·班森医生认为，缓慢、有节律的深呼吸会让人产生"舒张反应"（relaxation response）。

第一步

把一只手放在肚皮上，大拇指放在肚脐眼处。闭上眼睛，用鼻子深深地吸口气，同时默数三下：1……2……3……感受腹部在微微抬高。此时，横膈膜（位于肺叶下方的一道很宽的隔膜）拉紧，向下压迫胃，腹部向上隆起，吸入的空气流入肺内。

第三章 自我催眠的方法

第二步
> 屏住呼吸，同时默数三下：1……2……3……

第三步
> 用嘴巴缓缓吐气，比吸气时的速度慢一倍，也就是默数六下：1……2……3……4……5……6……感受横膈膜向上隆起，腹部降低，空气从肺部排出。呼气时，在心中默默重复"释放压力（或烦恼）"，你将能获得更大程度的放松。

第四步
> 停顿，默数四下：1……2……3……4……接着从头再来。

你可以自由控制呼吸的速度，当熟练掌握腹式呼吸这一技巧时，可以延长每一步的时间，获得更大程度的放松。

控制好力度和深度，不要使肺部受伤。深呼吸应当是舒适和放松的。在练习的过程中，一旦感到有些头晕目眩了，可以停下来休息一会儿再继续练习。

放松专家约翰·梅森医生建议，每天至少进行40次这样的深呼吸。每次在进行催眠练习前也试着进行四五次这样缓慢、充分的深呼吸。

（3）主动渐进式放松法

选择一种舒服的坐姿或躺姿。让肌肉紧张起来，使其紧张程度超过正常水平，然后将贮藏其中的紧张情绪释放出来。将针对身体的不同部位（从头到脚或从脚到头）逐一进行练习，在此过程中请将注意力集中到每一组肌肉上，想象其中所累积的压力，然后释放，感受释放之后的轻松感。这一方法通常和呼吸放松法结合在一起。

> ➤ 双腿和双脚

将脚趾往下蜷起，蜷得越紧越好。吸气，屏住呼吸的同时保持肌肉紧张。缓慢地呼气，放松脚趾，感受双脚中的紧张被慢慢地释放。脚趾尽可能地往上弯曲，同时吸气，同之前一样保持这种紧张感，然后随着呼气慢慢放松。这些过程进行得越慢，放松的效果越好。

绷紧小腿肚和大腿的肌肉，使其达到最大限度的僵硬。保持肌肉紧绷，并想象双腿正随着压力不断往外延伸。感受一下，你全身的压力此时都汇聚到了双腿上。当你徐徐呼气时，轻轻地将这股压力释放，让它们从体内离去。

> ➤ 骨盆和臀部

尽可能地绷紧了大臀肌。躺着的时候可以特别明显地感觉到这种绷紧，因为这时骨盆抬高。臀肌绷得越紧，骨盆离开垫子就越高。保持这个姿势，感受其中的紧张。然后，慢慢放松肌肉，释放紧张，体验此时骨盆和臀肌的感觉。

> ➤ 背、肩和脖子

肩膀、脖子和脸部的肌肉在平日的工作中累积了大量的紧张和压力。因此，对这一区域要给予更多的放松。

用力耸起肩膀，向双耳靠拢。同时深呼吸，想象着正肩负着所有的任务和压力。缓缓呼气，放松肩膀。重复练习几次以确保肩膀已经摆脱了累积的紧张和压力。按顺时针或逆时针的方向转动脖子，转几圈后换一个方向重复练习。

> ➤ 双臂和双手

先伸出一只手，握拳，使肌肉紧绷，感受其中的压力，同时进行深呼吸。闭上眼睛，想象压力正像水流或是电流一样，从你的身体流向拳头。屏住呼吸，保持拳头紧握；呼气时，慢慢放松手上的肌肉。同时，想象体内的紧张、压力和烦恼都如同微风中的烟雾一般消散开了。朝着相反的方向，再次获得这种紧张。把手臂伸直，手指尽量撑开，手腕和手指往上弯曲，保持几秒钟。当你徐徐地呼气时，逐步放松你手指、手和手臂上的肌肉，并将手臂放回到身旁。感受一下锻炼前后肌肉中的紧张感的差异。

> ➤ 脸部和头部

要想使面部肌肉感到紧张起来，你可以试着做一个夸张的鬼脸。瞪大眼睛，张大嘴巴，下巴尽量往下拉。深呼吸，同时设想一下，稍后将体验到一种前所未有的轻松感。屏住呼吸，保持这个表情。然后，缓缓呼气，放松肌肉，慢慢把头抬起来。至少做两组脸部肌肉的练习，并且每次在做的过程中，注意前额的肌肉，使压力尽可能地得到释放。

（4）惰性渐进式放松法

惰性渐进式放松法是一种很简单、舒适的放松方法，不需要使肌肉紧张。可以在安静、平和的环境下进行，比如躺在公园的草地上，坐在有阳光的湖边或沙滩上。也可以坐在自己的车里，或是家中最舒服的椅子上练习。在惰性放松法中，不需要刻意地紧张或是放松肌肉。只需要发挥想象力，然后自然地体验身体某处产生的轻松感。

先做几个舒适的深呼吸。闭上眼睛，设想体内的压力都随着呼出的气体消散殆尽。重复三到四次。不要抵制那些突然闯入脑中的念头和烦恼，但是要记得在呼气的时候把它们排出体外。把那些困扰你的想法都想象成水流，在呼气时，可以将它们引出体外。

> 双腿和双脚

稍等片刻，现在将注意力集中到脚趾上。体验一下双脚的感受。回忆一下双脚奔波一整天的辛苦，现在双脚和脚趾终于可以休息了。白天由于步行和奔跑而累积了大量的压力，想象它此时都顺着双脚流出了体外。

发挥你的想象力，压力和疲劳流出你的小腿，就如同污水流出排水管道，如同热糖浆从药瓶中淌出。在脑海中寻找一下能够传达这种感觉的意象。

抬起双腿，同时继续深呼吸。把双腿想象成两大块浸透了水的布，潮湿而松软。此时你的双腿感到有点重，有点放松。

> 臀部和背部

接下来放松臀部、腹部、背部和胸部。当肌肉放松时，体会一下胃部的沉重感,并让这种下沉的感觉遍布你的腹部。细细地体会压力从你的背部、臀部和生殖器离开的感觉。如果身体的某个部位仍感到紧张,将注意力集中到那个区域,使其感觉到温暖和沉重。

> 双臂、双手和头部

让压力汇聚并顺着胳膊离开。如同融化的蜡一样,从头顶、脸上淌下,顺着手臂、手、指尖流出去。

来回转动你的头,尝试着感受紧张被击碎,滑落到地上。深吸一口气,呼气时感受一下,手臂和手指由于残留的压力还有些沉重。想象这些压力就像热黄油一样流出体外,将最后残存的一点压力和紧张从手指中一一挤出。

深呼吸,从头到脚检查一下,看看全身还有没有哪里感到紧张。检查一下前额、下巴、脖子。将所有的紧张都想象成盘子中的酒精,慢慢地蒸发和消失掉了。身体的温热感将体内的压力都溶解掉了,就像热水将盐溶解一样。将它们全都冲刷出体外。

以上三种放松方式,可根据自己的喜好与效果任意选择其中的一种,不必每种方式都精通。

(5) 体验放松后的感受

细细体会此时的感受,并用尽可能多的方法对其进行描述。记住这种深度放松的感觉,就如一道暖暖的光,如散发着热量的煤炭，或把它想象成大漠中折射着阳光的滚烫的沙粒。可以把自己想作一种颜色，可以是橘红或者是暖暖的粉红，就像是冉冉升起的朝阳或是洒满落日余晖的天空……一幅大自然的美丽画卷。

找到与这种舒适、放松的状态相联系的画面或经历。每次进行自我催眠时，在脑海中强化这幅画面和这种放松的体验。经过练习，这些画面和体验最终会成为后催眠线索，使你得到放松。

留意并记住身体的哪个部位负荷了最多的压力和紧张。这个部位因人而异——通常会是头部、脖子和背的下半部分。下一次练习时，在这些区域多花点时间进行放松。确保所有肌肉中的紧张感都已经消失了。

专栏20　催眠与放松

埃德蒙斯特（1981）认为催眠与放松有相似之处；可能的原因包括：一、催眠诱导技术常常涉及放松方法，例如催眠诱导中的进行性放松方法就包括逐渐放松各个肌群直至全身放松。二、当受术者询问别人被催眠是什么样的感受时，得到的回答常常是像是处于放松状态。可以料想，很多受术者由此而期待着自己将会放松，因而他们也将会把自己的感受描述成放松状态。罗利认为放松并非催眠的一种必须伴随现象；因为在催眠过程中，有些受术者正在用劲，或者正在发泄情感；要是将这些人也视为放松就十分荒谬。他认为，如果催眠诱导使用了放松暗示，或者受术者期待着出现放松的感觉，那么他们在被催眠之后显得放松，也报告自己感到放松，而且还出现放松状态的生理变化，这一切都不足为奇。

专栏21 舌尖效应（Tip of Tongue Effect）

你有没有过这样的经历——某次你试着回忆一部电影的名字，却发现它似乎到了舌尖可就是说不出来。越是努力地去回忆，就越难记起来。但是第二天，当你懒洋洋地躺在浴缸里泡热水澡的时候，那部电影的名字却突然浮现在脑海中。其实电影的名字一直都在你的潜意识当中，只是潜意识在放松时才能更好地做出反应。

自律训练法

1932年德国柏林大学精神病医生舒尔茨首创自律训练法。这一技术强调"用身体学习"，训练身体对你的指令做出回应。这些指令将助你调节呼吸、血压、心跳和体温，减少压力，获得放松，进入愉快的自我催眠状态。

自律训练法分为六个阶段进行。

（1）第一阶段："上肢沉重"

基本暗示

> 右利手的人对右上肢，左利手的人对左上肢进行暗示。一边将全部的注意力集中到自己上肢的肌肉，一边在心中反复不断地默念："上肢沉重……上肢沉重……上肢沉重……"努力使自己的上肢产生实际的重感（接近于慵懒倦怠的重感）。待右上肢获得沉重的感觉后，将这一催眠效应扩散到全身。操作顺序可参考右上肢－左上肢－右下肢－左下肢－两上肢－两下肢－全身。如果两上肢、两下肢甚至全身变重的感觉能持续20~40秒钟，则练习能取得较好效果。

辅助暗示

> 辅助暗示的主要作用是放松和加强暗示效果，以防练习者由于过度焦躁性急而无法进入状态。你可以在头脑中一遍遍地回想起自己喜欢的音乐旋律，或想象一些能让你放松的意象，如安静的河流或湖泊、一望无垠的草原、挂着露珠静静绽放的花朵……这些意象可以是现实存在的，也可以是虚构出来的。

（2）第二阶段："上肢温热"

基本暗示

> 重复第一阶段的练习，"上肢沉重……上肢沉重……上肢变得沉重起来……"待上肢产生沉重的感觉之后，开始第二阶段的练习，进一步做如下暗示："上肢温热……上肢温热……上肢变得温热起来……"将全部注意力集中到自己的一侧上肢上，努力使其产生沉重、温热的实感。然后按同样的操作顺序将这种感觉扩散到全身。

辅助暗示

此时可以在脑海中浮现出自己的上肢和血管,想象能量如电流一般在其中奔流,或回忆以前坐在炉火前取暖的情景。这将有助于加强暗示的效果。

(3)第三阶段:"心脏在安静地跳动"

本训练以仰卧姿势最为理想。待习惯之后,也可以采用倚靠姿势。将右手手掌放置在左胸心脏部位的上面,右肘下可以垫一个枕头加以支撑。

基本暗示

"上肢沉重……上肢温热……"(前两个阶段的自我暗示遍数根据自己的具体情况决定,直至出现相应的实感为止)在右手之下,心脏正有规律地跳动着。将所有的意识集中到心脏的跳动上,"心脏在安静地跳动……心脏在安静地跳动……心脏在安静地跳动……"

辅助暗示

在脑海中浮现心脏正在跳动的模样,这是你生命活力的发源地。这种"扑通、扑通"的跳动会通过你的右手传达到全身。心脏的跳动开始起了变化,如同荡漾于涟漪之中的一叶小舟,在愉快的律动中舒适地摇摆。你仿佛融入了自己的心中。

(4) 第四阶段："呼吸轻松"

基本暗示

"上肢沉重……上肢温热……心脏在安静地跳动……呼吸轻松……上肢沉重……上肢温热……心脏在安静地跳动……呼吸轻松……呼吸轻松……呼吸轻松……"既可胸式呼吸，也可腹式呼吸，一般来说，腹式呼吸要优于胸式呼吸。吸气不宜太深，呼气应该缓慢些，突出"轻松"二字。

辅助暗示

呼吸变得深而慢，脑海中出现身体随着呼吸缓慢起伏的样子，仿佛有一种全身都在进行呼吸的感觉。身体宛如漂浮在轻波柔浪之中，静静地做前后左右的摇荡，精神上感到十分的轻松爽快。

(5) 第五阶段："腹部温热"

通过使腹部产生温热感，可以达到调整内脏诸器官的功能、保持精神安定的目的。

基本暗示

将右手手掌朝向腹部，放在胸骨剑突下与脐之间的部位，手掌不接触腹部，离身体3厘米左右。"上肢沉重……上肢温热……心脏在安静地跳动……呼吸轻松（以上暗示遍数根据每人的具体情况而定）……腹部温热……腹部温热……腹部温热……"。

辅助暗示

在头脑中想象自己的手掌就像一个红外线取暖器,从手掌中发射出来的热量逐渐地使上腹部温热起来,一边默念:"从手掌中发出的热量穿过衣服,穿过皮肤,深深地渗透到腹底深处……"感受这种温热感从胃周围波及下腹部一带。或想象自己的腹部正中有一个光芒四射的太阳,阳光炽热,照亮和温暖了腹部的每一个角落。

(6) 第六阶段:"额头阴凉"

通过使额头阴凉,可以提高大脑的效率,增强分析能力和判断能力,丰富想象力,挖掘潜在才能,发挥创造性。

基本暗示

"上肢沉重……上肢温热……心脏在安静地跳动……呼吸轻松……腹部温热……额头阴凉……额头阴凉……额头阴凉……"

辅助暗示

想象自己独自一人划着小舟荡漾在宽广的湖面上,一阵阵凉风扑面而来,驱散了从额头散发出来的热量,风儿带走了您的不安与担忧、悲伤与痛苦、憎恨与恐怖。寂静的湖光山色优美无比,令人悠然自得。

上述六个阶段完成后,便可对自己说:我已经进入到愉快的自我催眠状态之中,我正享受着这令人陶醉的感觉……

【插入你的目标暗示脚本，即所要解决的问题】

觉醒的方法。当要结束自我催眠时，给自己下达一个指令：如在心中默念"1……2……3"，数到"3"时，我将立刻恢复到觉醒状态。现在就开始数数……醒来后轻轻睁开眼睛，在原姿势下屈伸肩部、肘部和腿脚，头向左右两侧做缓慢的倾斜运动。然后做三次深呼吸，站立起来。

渐进式放松催眠法

舒适落座，从头部开始，一直放松到脚，或从脚开始，反方向地一直放松到头部。你可以自己选择开始的部位。以下介绍的步骤是从脚部开始放松的，你可以根据自己的实际情况进行修改，组织自己的暗示和意象。

（1）脚和腿

开始时，先感受脚部的紧张。脚尽量往外伸展，将这个紧张状态保持10~12秒。然后脚向内蜷紧，用尽所有的力气让脚趾尽量弯曲。

当我保持这种紧张感时，能回忆起双脚白天走了很多路……站立了很久……现在我将释放这种紧张，让它们得到放松。

我将深呼吸……感到更加放松……用不了多久，就能感到

第三章 自我催眠的方法

更加舒服……随着催眠体验的深化,将感到更加放松。我将再次伸展我的脚,保持紧绷……感受这种紧张……脚趾往外伸展,脚跟抬高……体会一下,双脚已经支撑了我很久很久……保持住……保持紧张。

接下来,我将放松双脚。我感到更加放松,更加舒适……当缓缓呼气时……也把紧张呼出去了。当意识到现在进行的活动将改变我的状态,我能够给自己暗示,在每一天、每一周中实现自我改变,我感到非常的放松。

接下来是小腿肚。我将感受小腿中的紧张。我可以绷紧小腿肚中的肌肉,保持小腿紧张。当收缩肌肉时,我能感受到这种紧张。深呼吸,保持紧张。很自然地,我想到了小腿今天也做了大量的运动……为我走了很多的路。现在我将呼气,并释放小腿中的紧张。

当我的脚、脚趾往上,向头部弯曲时,我能再一次地感受到紧张,将紧张保持在小腿肚中……保持住……深呼吸。我能感受到曾经累积在腿肚中的所有紧张。

然后呼气,放松腿肚。当我这么做的时候……可以动一动身体,换个姿势,这会让我感到更舒服。

现在我可以把注意力集中到大腿、四头肌上,这是我全身最大的一片肌肉。将大腿往两边伸展,感受大腿的肌肉……感受其中的紧张……想象一下这部分每天负荷的重量。深吸一口气……屏住呼吸……我了解到了大腿肌肉中积聚的紧张。

双腿同时进行……我可以感受到其中的紧张。保持这种紧张……我能感受到……然后便可以放松了。当我呼气时……释放大腿中的紧张，所有的紧张和压力都随着呼气排出体外。

当我对身体下半部分进行放松时……身体中越来越多的地方感到更加舒适，更加自在。

（2）背部、腹部和胸部

现在我可以同时放松腰部和背的下半部分。我将收缩腹部，并保持这种紧张。长期以来在我的腹部当中积聚了许多的紧张。现在可以将这种紧张保持更长时间……体会这种紧张……当我收缩腹部时，感受到这一点……我将深吸一口气，然后彻底呼干净。

接着我将继续放松……深呼吸……放松……感受自己越来越舒服……越来越自在。

我知道这种照顾自己的方法很棒。这一方法也帮助了全世界成千上万的人们。这是一个很有效的方法，它现在正在帮助我，以后每次练习时，或使用后的几天，它也能够帮助我。

现在我把注意力集中到位于身体中间的背部和胸部。尽量将紧张集中到背部……我的背抵住椅子，尽量用力抵住。我将感受到其中的紧张……我将意识到这一点。

最近我的背部可能承受了不少压力，我将深吸一口气，充满肺部……然后将紧张都呼出去……感到越来越放松。

接着再次将紧张集中到背的中部……也许继续挤压背部……保持紧张……感受其中的紧张……也许可以持续10~12

秒……然后舒服地深呼吸。我感受到腹部、背部和胸部全面的放松……全都感到更加舒适……全都感到更加自在……越来越接近催眠状态……当进入那个状态时，我能够接受自己给出的暗示，实现转变。

（3）手和手臂

接下来就到了手。我将双手同时握拳。将紧张集中到手中……我会紧紧握住双手……深吸一口气……保持住……就像手中攥着某个东西那样。我确信自己将手握到了最紧……保持手指紧紧合并的握拳的姿势……感受到其中所有紧张……用尽全身的力气尽量握紧。

然后，慢慢地把手打开……手指往外伸展……在我缓缓呼气的时候慢慢伸直。我发觉手指有一丝刺痛感……也许它们感到有些凉……但我的双手却感到更加舒适。

再来一遍，将双手握紧……就像握紧某个东西一样……感受这种紧张……此时仿佛身体里所有的紧张都流到了双拳中。从今天起，我会记住这个有价值的方法，几周后，几个月后……甚至几年后都不会忘记。当我深深吸气时，所有的紧张都进入了我的拳头……现在我更加清晰地感受到了这种紧张……保持住……将注意力集中到这紧张上。

开始呼气，将手指伸直……放松手掌……手指向外伸展……感觉到很放松，如一股暖流遍布全身。

接下来我感觉到紧张正将我的双臂推至我的身前。手臂僵直，举在胸前，吸气，屏住呼吸，并保持这种紧张感。我能感受到手臂上的二头肌……三头肌……前臂……正充斥着紧张。我能感受到每一丝的紧张……对，就是这样……体会这种紧张的感觉。

现在开始呼气，同时开始放松……释放紧张……让它们慢慢飘散。当我放松双臂时……感到越来越舒服……越来越自在。

再次伸直双臂……保持紧张……体会这种让人不舒服的感受……感受一下肌肉紧绷的感觉……从1数到10或12……很自然地保持这种紧张。

接下来我可以放松了……松弛双臂上的肌肉，呼气的同时也将紧张和压力呼出体外……将紧张通通释放掉。

（4）肩部、脖子和头部

接下来我可以把注意力集中到肩的上半部分，同时集中到肩和脖子。我将把双肩向头部耸起，并收缩脖子后部、背部和肩膀上的肌肉。我可以收缩这部分肌肉……深吸一口气……屏住呼气……保持紧张……把注意力集中到紧张上……收集起来……我知道自己可以摆脱它。

呼气……我可以放松这些肌肉……释放其中的紧张……将日渐累积的紧张全都释放出去。将吸入的空气彻底呼出，同时将双肩放下。

把肩往上提……深吸一口气……我感到脖子和背上半部分的肌肉再次紧张起来……我可以更清楚地感受到其中的压力和

第三章 自我催眠的方法

紧张……感受到每一丝、每一毫。我可以保持这种紧张……我知道脖子经常会感到疼痛，我知道我想摆脱这种疼痛。我可以看到那些疼痛、紧张现在正困扰着我……使我坐立不安……就是这样的感觉。

现在我可以将它们全部释放……呼气……我可以释放紧张……释放压力……释放疼痛……困扰……还有问题。我感到更放松……我感到更自在……身体的很多部分感到轻微的刺痛。也许是脚趾……也许是手指。全身都感受到了这种放松。

接下来把注意力集中到面部肌肉上。平日里我在进行逻辑思考、理性思维和承受压力时都会牵连到这片区域。首先我将紧张集中到嘴巴……感受紧张……紧闭双唇。我可以咬紧上下腭……将它们咬得紧紧的……深吸一口气，保持两排牙齿间的紧张……屏住呼吸，保持紧张。

然后呼气……将气呼出的同时也将紧张释放……让压力离我远去……呼气时将紧张全部释放。平日里高谈阔论、嬉笑怒骂都离不开的嘴巴……现在终于得到放松了。

我再次抿紧双唇……深吸一口气……咬紧上下腭……保持紧张……注意力集中在肌肉上。我可以感受到这份紧张……坚持住。接下来我可以呼气和放松了。

现在我闭紧双眼。我知道眼睛上也是有肌肉的，和此前身体的其他部分一样，它们现在感到了紧张。和其他部分一样，我的眼睛也能紧张起来，然后获得放松。闭紧双眼……体会紧张……感受到分布在眼周的紧张……深吸一口气……屏住呼

61

吸……保持紧张。

然后呼气，同时我也可以释放紧张。我感受到放松的感觉遍布了整张脸，就像夏天里的阳光将身子烤暖一样。

接下来将眉毛往上提，向头顶提……将它们往上提，同时感受前额的紧张。我身体的这一部分总是思考得太多……我前额的肌肉……感受到了这种紧张……深吸一口气……屏住呼吸……同时保持紧张。

我能够释放肺中的空气……释放紧张……释放压力……放松的感觉暖流一般流遍全身。我知道紧张和放松不能共存，我知道我现在感到越放松……便越不感到紧张。我让自己感受到紧张，并保持紧张……承认它的存在……然后释放它……我便感到更加放松。

我知道这一方法练习得越多，改变会随之发生……如身体变得更加放松……大脑可能还是很清醒……但我能注意到身体上的改变。

我的心跳变慢了……血压规律了……身心都比练习前更加轻松了。我可能会注意到手指发麻了……也许感觉到它们比以前轻了或重了。

使用这种方法来体验改变，是再轻松不过的了……这让我知道我可以掌控自己的改变……自己的宁静……自己的紧张……自己的放松。当我意识到这一点……我将暗示自己在接下来的日子里希望获得怎样的感受。

我可以改变自己对明天、对这周剩下的日子的感受。我能从内心感受到这种改变,就像此刻感受到平静和放松一样……或者改变会出现在外面,仿佛暖流流遍全身……或是凉风吹得手指刺痛、发麻。

我能学会这种控制……这种身心舒适的感受……这种自然的调控。现在我可以暗示自己产生一些其他的变化,让我更加接近努力的目标……这些暗示将变得更加有效……现在我将更认真地倾听自己的声音。

【插入你的目标暗示脚本,即所要解决的问题】

下一次我想享受这种时光……这种放松……身心健康的时刻……我能够更快地体验到这种宁静的状态。我能更容易地回到这种状态……既然我已经知道该怎么操作了……既然我已经知道自己想获得的感受。

事实上,不管什么时候,如果我想变得更自在……更平静……更放松……我所要做的就是做一次舒适的……彻底的……放松的……深呼吸【插入你回到自我催眠状态的暗示】。我能够放松,并且随时随地都可以进行放松。我能尽情使用这种能力,产生积极的改变……永久的改变。

现在该睡觉了,从20倒数到0,数上一两次,我便能轻松入睡。每倒数一个数字,我都会下一层台阶,我将飘进梦乡,获得整晚的休息……

如果此刻我想神清气爽地醒过来,恢复到有意识的警觉状态,我将从1数到10,每数一个数字,我都会上一层台阶,意识一点点苏醒。当我数到 10 时，我能睁开眼睛，舒展肌肉，感觉似乎小睡了一会儿，身体得到了很好的休息。

1……2……3……4……5……6……7……8……9……10

凝视催眠法

这种导入催眠状态的方法要求你将视线集中在面前的某个点或某个物体上。在盯着某个点时，你的意识会越来越集中，同时暗示自己进行放松，进入催眠状态。

在墙上选择一定点，或选择某一物体，你可以将自己的视线集中在它们上面。将这一点称作目标点，一直盯着它。暗示可以是这样的：

当我盯着目标点时，我将更加放松。几分钟后，集中注意力变得更加容易，也许目标点看上去有轻微的移动，甚至颜色也有些许的改变……但我将继续盯着目标点。

我将继续盯着它，不管它发生了改变或没有任何改变。我越是将注意力集中到它的上面，越感到放松。我的双眼会盯着它，感到越来越疲劳……有时候会眨眼……有时候会流眼泪……随着我继续盯着目标点……我感到更加放松了。

我选择的目标点将帮助我进入催眠状态……自我催眠状态……自己引导……自己控制，非常有效……我将从中获益。

我很乐于学习和获得更多的信息……更多关于自己的信

第三章 自我催眠的方法

息……比我现在知道的多。我会尽量接受产生的新的领悟。这些都是我自己的信息……都是由我自己指导的。

就比如盯着那个目标点，是我指导自己做出的选择。我将盯着它，并会感到放松，或者我会感到目光变得呆滞……飘忽起来……但依然盯着它。有时候我能意识到脚和腿的感受……当我继续这样盯着时……甚至肩膀有种下沉的感觉。

我将开始倒数数……自己倒数数……从30数到0。当我开始时……我感到自己在呼气……将不需要的空气排出体外。我将感到自己正吸入新鲜的……清新的空气……我知道我内部的系统……过滤系统能让我最好地进行呼吸……这很自然。

继续盯着……我感到越来越放松……我的眼皮变得越来越沉重。如果我的眼睛从刚刚盯着目标点，越来越集中……体验目标点……到现在它们已经闭上了……没有关系。每数一个数字，我都将体会到更舒适、更深度的放松。

如果我的眼睛还睁着……我将继续盯着目标点，集中注意力，直到它们自己闭上……或者直到我数到0。

此刻我将让自己做一些最自然……最舒适的事，来进入自我催眠状态。当我倒数数时……我将感到，每倒数一个数字时，自己都会下一层楼梯……我越接近底部……我越感到放松和舒适。

我可能会感到自己好像正乘着电梯下降。有时候我会选择想象自己正沿着台阶往下走。我感到当我到达底部时，我将来到一片沙滩……或一片草地……或在底部时，我会感到自己好像飘起来了……很舒适……很放松。

像自己期待的那样，我感到非常放松和舒适。现在我要开始倒数数了……我一步步地往下走，越走越远。我将感受到身体和眼睛的重量。我将体会到沉重感……遍布全身……从头到脚。

现在我将从30开始……我感到越来越舒适。

29……是个奇数……所有的奇数将帮助我感到更加放松，更加舒适。

28……是个偶数……所有的偶数都能帮助我的意识漂移、漫步，更加接近我的潜意识……靠近我身体里那个强大的人……帮助我努力实现精神上、心理上、情绪上的转变。

27……放松，迈到下一层台阶。26……很舒适，很自在。我的眼皮感到更加沉重了……我的头往下垂了一点。

25……更加放松，更加舒适。我将越来越了解自己。24……越来越沉，我的双腿感到更沉重，更放松了。我的双臂……也感到更沉重……我的上下腭正在放松。

23……感到很舒服。22……我的呼吸更沉重，更慢，更自然了。我感到自己越来越符合期望中的样子了。21……越来越……舒适，放松。

20……台阶已经下了三分之一了，我感觉自己好像走得更远，因为我知道自己已经走得很远了，并且我知道自己将走得更远。

19……越来越沉重……18……我的双臂和双腿感到非常

― 第三章 自我催眠的方法 ―

放松……17……更加深入,更加舒适。16……我听到外面的声音,那将帮助我进入更放松的状态……并能让我感到更加舒适。

15……已经下到一半了……一只眼睛比另一只闭得更紧。两只眼睛都慢慢闭上……已经闭上了……无论会发生什么,就让它发生吧。

14……更加放松。13……进入越来越深的放松。12……我可能感觉双脚变成了地面的一部分,或它们变得轻盈,有点刺痛。11……10……下到三分之二了。

9……离底部更近了……离更加舒适与放松的感觉更近了。8……我的上下腭变得松弛,我的脸得到了放松……我的双臂和双腿越来越重了。我的双手和双脚可能有点发麻。

7……放松……感受双手和双脚中的变化……我将让这种感受扩散开。6……我正朝着自己想去的地方前进……变得更加舒适……到达那个地方,在那里我将努力实现自己期待的改变。

5……我的身体已经开始改变了……更加舒适……更加放松。4……更深入,更沉重。3……就快要到了,更加放松。2……闭上眼睛或保持眼睛闭着……继续接受这些暗示……同时深深,深深地放松……继续接受我的暗示……同时非常,非常的舒服。

1……1……1……1……1……我可以根据自己的需要多数几遍。我感到自己正在享受这种状态。

0……0……0……0……0……0……0……0……一直数

下去……全身彻底地放松……到达这个我称作自我催眠的地方……很自然地我进入了自我催眠状态。

【插入你的目标暗示脚本，即所要解决的问题】

我可以回到这种深度放松的状态……无论什么时候……只要从30倒数到0。做几个舒适的深呼吸，从30倒数到0。

我从0数到5，便能恢复精神焕发的警觉状态。当我快数到5时，双眼将睁开……我会感到更加精神焕发，更加警觉。

0……1……2……3……4……5……我醒过来了，思维敏捷，身心舒畅。

音乐催眠法

你有没有注意过，在听某段音乐时，你会很专注，甚至沉醉其中。

找一张你喜欢的唱片、光盘或磁带，其中的音乐曾经令你感到放松、舒适和陶醉。你可以选择动感的音乐，也可以选择舒缓、安静的音乐，这关系不大。只要它能够吸引你就行。不必有所顾忌，如果你愿意的话，你可以创造性地试验各种音乐。

先不要播放音乐，让自己进入放松状态。给自己一些暗示，关于音乐响起来的时候，你会产生怎样的感受，以及这段音乐过去对你的影响。暗示自己，在催眠状态下，这种影响的效果能够更加显著。

― 第三章　自我催眠的方法 ―

　　你可以将音乐当做载着自己进入催眠状态的交通工具，你可以暗示自己，尽管是同样的暗示，但在催眠状态下，这些暗示将要有效得多。打开音乐之前，也许你需要 10~15 分钟的时间进行放松。

　　打开音乐，空气中飘荡着一串串音符，它们从播放器中轻盈地跃入我的耳中。外界的噪音越来越小，音乐声越来越清晰，我的内心也越来越平静。脑海中的每一根神经都随着这美妙的节奏舞动起来了，我和音乐融为一体……这种投入和专注将帮助我进入自我催眠状态，在这种状态下，我努力的目标更容易实现了，改变也变得更加舒服，更加自然了。

　　音乐声悠扬、愉悦，我听出了笛子的声音（乐器可参考具体音乐），手指跟随旋律跳跃起来，时而轻快，时而悠长……将注意力集中到旋律和节奏上，我仿佛成为创意十足的音乐指挥，能够指挥这些音符……随着音乐的继续演奏，我将进入更深度的催眠状态。

　　音乐声变大了，节奏变得更加有力。我感觉到体内如野兽般乱撞的压力和烦躁，它们正随着这节奏奔跑、肆虐，寻找着出口……音乐越来越激昂了，到达了最高潮，跟着节奏，我在心中呐喊……深深地吸气……徐徐地吐气……压力和烦躁从这出口冲出去了，一扫而光。

　　此时音乐变得更加柔和，更加舒缓，节奏发生改变，紧张、压力和所有不舒服的感受都被释放出去了……都通过呼气释放出去……用心感受一下身体发生的变化。我感到手指变暖了，双手感到有点沉重，一点力气都没有。脑海中除了音乐，什么想法都没有，我感到很放松，很舒服……

在这轻松、愉悦的旋律中，我可以为曲子谱上歌词，这就是内心里我一直想对自己说的话。我可以默默地在心中吟唱，也可以大声地唱出来。我将真真切切地听到自己的心声……

【插入你的目标暗示脚本，即所要解决的问题】

现在我正充满创造性地演绎着这段音乐，压力已经释放，能量在渐渐地恢复……明天我也将充满创造性地实现期待中的目标，目标的实现会变得更加轻松，更加顺利……

音乐快要结束了，当我以后想要放松，并再次感受这种舒适时……我可以挑一个舒服的姿势坐着或躺着，听一听这段音乐。当我听着这音乐，做几个放松、舒服的深呼吸……我便能回到同样平和与宁静的状态。

旋律接近尾声了，音乐声越来越小，渐渐离我远去……我的意识越来越清醒……全身的力量逐渐恢复……做几个缓慢的深呼吸……好的，睁开眼睛，我感到身心舒畅，头脑清醒，精神饱满。

这一方法运用起来很方便。只要将收音机换个频道，你同样也可以在脑海中改变音乐，或对音乐的感受。别对自己太严肃，如果你需要放松，就换一个更轻松的想法，换一个调子，换掉歌词，让它们为你工作，按照一定的节奏，按照你内心的节奏。

— 第三章 自我催眠的方法 —

放松小贴士

3.1 准备

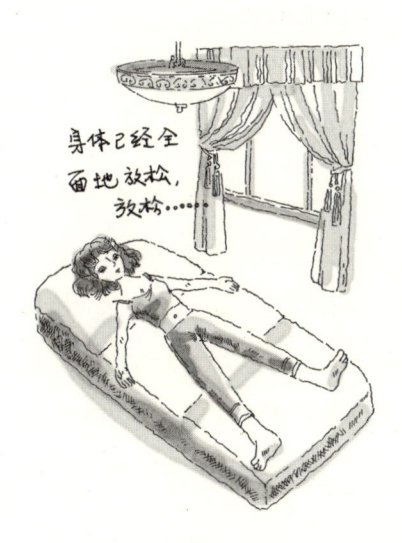

- 一张柔软的垫子
- 一套柔软、宽松的衣服
- 一个安静、温度和光线适宜的房间

身体已经全面地放松，放松……

3.2 呼吸（一）

深深吸住一口气……

3.3 呼吸（二）

正确地呼吸——吸气：
- 把一只手放在肚皮上，大拇指放在肚脐眼处。
- 闭上眼睛，用鼻子深深地吸口气。同时默数三下：1……2……3……感受空气由鼻腔进入气管，压迫空气进入腹部，腹部缓缓向上隆起。
- 屏住呼吸，同时默数三下：1……2……3……
- 肩部和胸部不要动，感觉腹部，也就是放手的位置微微抬高。

吸气——摸到腹部的感觉了吗？

3.4 呼吸（三）

正确地呼吸——呼气：
- 嘴巴缓缓吐气，比吸气时的速度慢一倍，也就是默数六下：1……2……3……4……5……6……感受空气排出，腹部缓缓降低。

呼气——觉得肺空了，腹部松了吗？

第四章　自我催眠实施中的若干问题

以什么姿势为宜

放松的坐姿最好。舒适落座，身体不偏不倚，两脚分开，脚趾也微微张开。双手轻置腿上或椅子的扶手上，手背向上，十指自然张开，两手不要互相碰撞接触。大部分练习者感觉坐着练习比躺着效果更好，因为躺着的时候，意识极度放松，人很有可能会睡着。当然，如果你此次练习的目的就是睡觉，那么躺下来也无妨。

设备要求。挑选一张舒适的有靠背的椅子，椅背最好能高一点，这样可以支撑你的后脑勺，使你坐直了。如果没有支撑物，头容易往后仰，仰的幅度过大、时间过久，脖子会很不舒服。这时候，拿个枕头垫在后面会有所帮助。在椅子下方放一只坐垫会更舒适。

舒适、放松最重要。什么样的姿势并不重要，关键是以自己感到舒服为准。

以多长时间为宜

培养自我催眠技巧最需要的是花时间练习。你在自我催眠上投入了多少时间，就如同你在一个能实现积极自我转变的银行中存入了多少存款，意识到这一点对你有帮助。不管你为自己投入多少时间，在这些时间中的专注程度如何，你总是能有所收益的。

经过练习，你会发现自己能够更快地放松和进入恍惚状态。最终，自我催眠的大部分时间将被用于暗示，用于对目标和改变进行可视化想象。

催眠暗示具有良好的累加性。重复是一种很成功的策略，通过重复的练习，你将能更快地进入催眠状态，并且从中得到更深的放松。

规律的练习比长时间的练习更有效。

睁着眼睛好还是闭着眼睛好

初学者宜闭着眼睛进行自我催眠。视觉干扰不利于注意力的集中，在导入催眠状态时，专注非常重要。

当练习者达到一定的熟练程度时，可以尝试睁着眼睛进行自我催眠。不过大多数练习者在放松时会很自然地把眼睛合上，因为眼睛这时候容易感到疲劳。事实上，眼睛睁着还是闭着并没有关系，只要自己习惯，感到舒服就行。

你若是想体验一下睁着眼睛进行催眠，也可以选择凝视法，盯着一个缓慢并且按照固定频率运动的点，或者盯着一个定点。

建立催眠后暗示与线索的必要性

什么是催眠后暗示和线索？催眠后暗示是指在催眠状态中给自己下达某个暗示指令，这一暗示在催眠结束后会引发某一动作或反应。如果你打算用自我催眠来减肥，那么在恍惚状态中，你暗示自己："当我嘴巴馋，想打开冰箱门找零食时，我会产生饱腹感。"这一暗示便是催眠后暗示，其中的冰箱门便是催眠后线索。

专栏 22　助吉利解决失眠的催眠后暗示

吉利是一家公司的主管，他夜里很难入眠。他重复地给自己暗示，只要他关掉卧室的灯，打完几个呵欠，便能感受到睡意。

在最初的几周，他有意识地重复这一线索。在自我催眠中，他有规律地重复地对自己进行暗示。他的睡眠质量渐渐地提高了，每次就寝后便能很快睡着。

过了几周后,他只是偶尔地强化他的催眠后暗示。再后来,他已经忘记了关灯是催眠后线索这回事,只不过每当关掉床边的台灯时,他都会自动地打呵欠。要不了多长时间,他便呼呼大睡了。

催眠后线索可以是任何动作、念头、语词、画面或者是事件,在非催眠状态下它们也能令你产生催眠暗示时的反应。反应包括动作、感觉或是内在的生理改变。例如,在自我催眠中你可以将深呼吸和放松联系起来。深呼吸便成了一个线索。任何时候,只要来几次深呼吸,你便能重新获得平静和放松的体验。

催眠后暗示和线索的作用有三。

第一,催眠后暗示和线索最重要的一个作用是能让你在下一次催眠时快速进入恍惚状态。例如,你可以这样暗示自己,"以后如果我想要进入舒适和愉悦的催眠状态,我只要挑个舒服的椅子坐下,缓缓地深呼吸,过几分钟我便能很快、很容易地回到这种放松且专注的状态。"

第二,催眠后暗示和线索在很大程度上扩展了自我催眠的功用。有了它们,你可以在任何时候改变和提高自己的行为表现,而不仅仅在自我催眠的过程中。如你在工作中遇到了一个高压情境,你没法跟老板或是顾客提议——"请稍等一下,我需要几分钟来个自我催眠,我过一会儿再回来。"但是如果在此之前的催眠中,你给了自己一个"深呼吸缓解紧张"的催眠后线索，情形将大不相同。可能还没等到有人察觉，你已经成功地使用深呼吸消除了紧张。

第三，催眠后线索将暗示与某一具体的事物联系在一起，能够增强你想要的动作或反应。比如"冰箱门"这一具体的线索能增强你的饱腹感。

如果你能从目标和催眠后线索间找到某些联系，这一线索便更有力。比如，把衣服扯直的举动是你集中注意力的线索。棒球选手上场前常常会调整他们的衣帽，这也可以作为他们集中注意力的线索。

一时进入不了状态怎么办

逆效应定律。我们越努力想实现某事，往往就越难办到。自我催眠也是一样，有时候你越是想进入催眠状态却越是进入不了。这时候钻牛角尖是要不得的，你可以找点别的事做，稍后再来尝试。

宣泄情绪。如果此时你的心绪很乱，甚至感到愤怒和悲伤，显然是很难进入催眠状态的。你可以先进行体育运动或大哭一场，将情绪发泄掉再进行催眠练习。

释放紧张和压力。若进行了一系列的放松后，你还是无法进入催眠状态，这就有可能是身体在向你发出信号——紧张和压力还残留在体内，需要进一步的放松。

给出的暗示愈具体愈好

暗示越具体越好。暗示越具体，催眠后暗示和线索越清晰，你对目标就越专注，则自我催眠的效果越好。

为不同的场景建立不同的具体的线索。如"坐下"这一举动可以和休息，和卸下心中的担忧相联系。当你坐下时，你的放松感也坐到了你的身边。而"关门"这一动作可以和排除干扰联系在一起。当你把门关上时，一切可能干扰到你的声音和画面都像风和雨一样被关在了门外。

在某一情境中，当你的表现有所改善，向着目标迈进时，这一现象也会泛化到许多其他的情境中。例如，你通过自我催眠使得家庭中的人际关系得到了改善，同样的，你也能改善工作中的人际关系。

自我催眠时出现杂念怎么办

有些人平时总是想得太多，让他们说服自己不要想太多是很难办到的。如果你的脑海中有太多的杂念而无法进入催眠状态的话，建议你按以下方法来做。

不妨把注意力集中在这些念头上。留意这些念头是如何进入你的大脑的，似乎在脑海中逗留了一会儿，然后便离开了。留意你的注意是如何被它们打扰的，或你是如何重新集中注意的。

— 第四章 自我催眠实施中的若干问题 —

首先将注意力集中到这些无关念头上,然后将注意力切换到内部体验上。如"这个月有哪些任务?信用卡该还款多少?房屋装修费用多少……"当留意到这些问题在脑海中盘旋时,你可以把注意力切换到深呼吸或发声练习上来。

当你把注意力集中到缓慢的深呼吸或发声练习上时,从脑海中的众多杂念里抽出一条,细细识别,你可以选择将其存档或丢弃。然后换一个,再进行下一个……每做一次深呼吸,处理一个念头。用不了多久,你就会发现在专注地识别念头的过程中,自己已经很投入,也许在第一次练习时你就会有这种感受。

重复练习,直到你熟悉催眠状态中的感受,进入这种状态便会更加容易。

专栏 23 远古的发声练习

首先用鼻子深吸一口气,用嘴巴呼气,同时一直发出"ohhhhhh"的声音,在腹中的气体快呼完时,用"mmm"的声音来收尾。"ohhhhhhhmmm"听起来很像英文单词"home",只是开头没有发"h"这个音。这是古时候人们冥想时发出的声音,据说是禅宗公印(Zen koan)中某一谜题的答案——"孤掌能鸣出怎样的声音?"(What is the sound of one hand clapping?)因为大部分声音都是由两个物体的碰撞发出来的。而"ohm"则是由空气经过声带时发出的声音,声带便是那个孤掌。

当你专注于正在体内回荡着的声音时，你意识到自己可以控制这个从胸腔发出，经过喉咙和喉咙背部，进入鼻腔的声音。如果你想做12~15次"ohhm"式的呼吸，尽管去做，你会很自然地感到放松，还有些恍惚。

使用个性化的符号和表象

调动所有的感官，共同设计个性化的符号和表象。尽管每个人都有五种感觉通道，但它们对我们来说有着不同的价值和重要性，我们在感知这个世界时有自己热衷的不同方式。如视觉偏好型的练习者可能更多地使用可视化想象，详细地描述细节——颜色（色温、色调）、明暗、形状、大小、线条粗细……但是表象本身包含来自不同通道的信息，因此我们在设计表象时也应唤起五种感觉通道，从各个方面描述符号和表象，这样效果会更好。

利用自身的经历和回忆作为素材，形成个性化的符号和表象。它们可以涉及你过去的经历、梦境、工作、娱乐和记忆。表象、符号与你的关系越密切，发挥的作用就越强大。例如，你想暗示自己手臂或腿有浮起来的感觉，你可以寻找一些和漂浮经历有关的表象。或许会想起某次进入水池时，从水底冒出来的气泡；风中飘荡着的蒲公英种子；泡在浴缸里或者曾经划船时的感受。

— 第四章　自我催眠实施中的若干问题 —

成功进入催眠状态信号

从日常清醒的意识状态进入催眠时的意识状态，其间的转变很细微。在最初的一两次尝试中，你可能注意不到这样的改变。对自己有点耐心。

以下是判断自己是否进入催眠状态的三个信号。

- 留意一下，放松暗示后，你有没有感受到一点变化。例如，你感到自己进入了深度放松的状态。
- 如果你对身体某处进行了生理感觉的暗示，如凉感、温感、麻木感、轻感或重感，看看暗示有没有生效。
- 催眠练习时，第一次闭眼前留意一下时间，睁开眼睛前估计大概过去了多长时间。睁开眼，核对一下时间——花费的时间比你估计的长还是短？对于时间超出常态的错误估计是进入催眠状态的一个标志。

一定不要忘记觉醒程序

无论自己达到何种程度的催眠状态，甚至乍看上去几乎完全没有进入状态，恢复清醒这一步骤都必不可少。有些人在做了自我催眠后有一些轻微的不良反应，如头痛、恶心，原因就是忘记了觉醒程序。

在恢复到清醒状态之前，必须将所有在自我催眠过程中所下达的暗示解除（催眠后暗示与催眠后线索除外）。

关于催眠暗示语脚本的使用

我们提供了若干心理亚健康问题的催眠暗示语范本，但一定要根据自己的实际情况，如亚健康问题的程度、产生原因、表现症状进行改写。这样才具有针对性，才能收事半功倍之效。

脚本只有在一段时间的催眠练习之后，确认自己已进入自我催眠状态后使用，才能对潜意识进行干预，才会有效果。

在介绍催眠方法时，我们已标定了插入催眠暗示语脚本的位置，请在规定时段中使用。

— 第四章 自我催眠实施中的若干问题 —

放松小贴士

4.1 脚部放松（一）

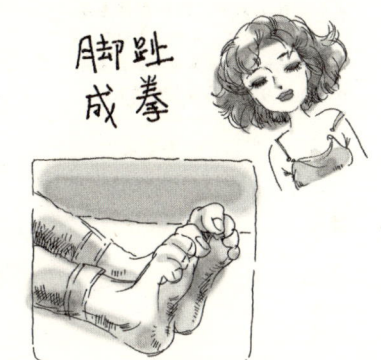

脚趾成拳

放松双脚：
（一）脚趾拳
- 尽可能让脚趾向脚底板弯曲，形成脚趾拳。保持这个姿势2~4秒钟。
- 打开脚趾，突然放松。
- 蜷紧脚趾拳，然后打开，重复两次。
- 放松地躺着，闭上双眼并感觉到紧张正在减弱。

4.2 脚部放松（二）

叉开合并＞脚趾

（二）叉开脚趾
- 翘起脚趾并用力叉开，尽可能叉得开一点。保持这个紧张姿势2~4秒钟。
- 合并脚趾，突然放松。
- 叉开脚趾，然后合并，重复两次。
- 把全部注意力集中到脚上和小腿紧张减弱的肌肉上。

4.3 脚部放松（三）

（三）伸直双脚
- 尽力伸直双脚，好像你准备要跳脚尖舞那样。保持2~4秒钟。
- 突然放松，感觉紧张感的消失。
- 重复练习，提高放松的功效。

绷直脚

4.4 脚部放松（四）

翘趾脚

（四）脚趾向上翘起
- 尽力让大脚趾向膝部翘起，脚跟牢牢地固定在垫子上不动。脚背和胫骨之间的角度越来越小。
- 用足力气，做这个动作，使脚保持这个姿势2~4秒钟。
- 突然放松，感受双脚和小腿肚上紧张的肌肉正慢慢放松。
- 重复练习。

第五章 疲劳

简述疲劳

疲劳——

- ➢ 一种人皆有之的体验。
- ➢ 一种具有自然性防护反应性质的生理、心理现象。
- ➢ 一种十分有价值的警告信号。

长时间、高强度肌肉运动导致生理机能下降或衰退称之为生理疲劳。

由于神经系统紧张程度过高或长时间从事单调、厌烦的工作而引起的疲劳称之为心理疲劳。

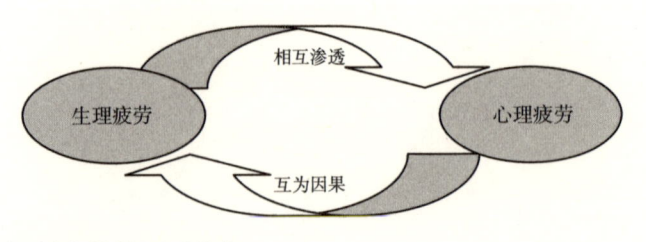

生理疲劳 ⇄ 心理疲劳
（相互渗透，互为因果）

评判疲劳的四项指标——

> 工作能力：工作效率降低；错误率增加。
> 主观感受：有累、痛、憋、烦的感觉。
> 代谢情况：包括物质代谢与能量代谢的速度与质量。
> 其他生理心理反应：因疲劳引发的生理疾病或不良心理状况。

专栏24　白领心声

"我总是在加班，有时要到很晚，基本上每天如此，连周末也不例外。几乎就没有休息的时间，因为我不想被取代，所以我要更努力。"

"有时我就像一个陀螺，永远没有停歇的时候，除非灭亡。我已记不清何时逛的街，何时和朋友一起出游过，何时享受过泡澡，何时睡个好觉、吃顿好饭，甚至连给家里打电话都由从前的一周一次改成了现在的一月一次，脑子里有一根弦始终绷得很紧。有一天这根弦断了，我也就完蛋了。"

— 第五章 疲劳 —

疲劳给我们带来什么

免疫系统功能减退,易诱发多种疾病。

心脑血管疾病、糖尿病、癌症等高危病症的发生与之有直接联系。

出现四肢乏力、腰膝酸软、心跳加快、失眠、出汗过多、全身肌肉软弱无力等不易解除的疲劳现象。

无病因地感到头昏头痛、肩颈酸痛、胃痛、背痛等种种疼痛现象。

有头晕、眼花、心悸等表现,甚至出现幻觉。

人体衰老加速发展。

性功能减退,人们常以为性功能减退是年龄的原因,其实更大的杀手是疲劳。

注意力不集中,即通常所说的走神。注意的转换和分配也失去应有的灵活性。

感受能力下降,各感觉分析器的感受性下降,而感觉阈限升高。

运动能力失调,手脚不听使唤。动作错误数目增加。

记忆出现故障,即并非由于记忆能力下降却常常忘事。

思维失却敏捷性与变通性,常表现为脑筋转不过弯来。

对世界、对生活失去兴趣与激情,没什么事能提得上劲来。

紧迫感、压力感、焦虑感和不被重视感增强,并引发烦闷、忧郁、自卑等种种不良情绪。

无力感，即感到自己的生命能量已经枯竭。

睡眠欲望极强，总感觉睡不够，几乎在什么状态下都能入睡，但又睡不踏实。

生活质量下降，幸福指数下降。

……

专栏 25　衰老加速度

人到中年以后，正常的机体衰老速度是每年 1%~5%。长期疲劳会使机体的衰老速度不断增加，若今年你的衰老速度是 1%，那么过 50 年后你衰老的程度也仅仅是现在的 50%；如果你的衰老加速度是 5%，那么不出 15 年，你衰老的程度就会超过现在的 50%。

引发疲劳的种种原因

某些疾病和生理亚健康状态直接导致疲劳的发生。疲劳常是肝炎、结核、糖尿病、冠心病、肾炎抑郁症、肺吸虫病、恶性肿瘤的早期征兆；也可能是贫血、心脏病、甲状腺功能减退、神经衰弱等疾病的折光反映。这种情况应该去治病，不是我们这里能够解决的问题。

劳作时间过长，超过生理极限，自然会产生疲劳。一般人

第五章 疲劳

正常日工作时间为 8~10 小时，这是健康人体负荷量。如果长期工作 12 小时以上，疲劳将不期而至。

单调、重复的刺激与操作引起心理饱和，进而产生抑制和疲劳。譬如在高速公路上开车，道路笔直，缺乏刺激就容易引起疲劳；流水线上的工人也容易发生疲劳。

隔离和孤独的环境（如高山、天文、气象、远洋货轮、边远地区勤务、长年暗室和单仪表观察等），生活寂寞、单调，容易导致疲劳和厌倦。工作环境色调阴沉也容易感到疲劳。

生活节律紊乱，昼夜倒班者也常常处于疲劳状态。流行病学调查表明，持续从事夜班的工人其神经症、心脏病的发病率高于白班的工人，这显然与疲劳直接相关。

肥胖也会引发疲劳，因为超重是人体的沉重负担，身上多余的脂肪会令人感觉疲倦。

服用利尿剂、抗抑郁药、某些抗感冒类药物或止咳糖浆可能导致疲劳。但这种疲劳一般在停药后就会自然消失。

睡眠不规律。这不仅是指缺乏睡眠，也包括睡懒觉，起居无序。后者虽然没少休息，但扰乱了生物钟，也会有疲惫感。

对所从事的工作不感兴趣。

对工作的胜任状况。一个人如果不能胜任所从事的工作，就会产生强烈而持久的心理应激，进而产生心力交瘁的疲劳症状。

竞争压力太大。长期处在白热化竞争的气氛中，心理极度紧张直至苦闷、失望，当不堪忍受这种超负荷的精神压力时，疲劳也就不可避免了。

专栏 26　与世隔绝效应

人们在生活和工作中，如果环境刺激特别单调，有时会陷入与世隔绝的处境，过后，他们报告了非常特殊的体验。例如，船只失事，水手们在辽阔的海洋里垂死挣扎，曾产生过荒诞离奇的幻觉。飞行员驾驶飞机，离地面几千米，在连续巡航几小时以后，有时会产生与世隔绝的感觉：身冒冷汗，不相信自己的眼睛或飞行仪器，总觉得有一些陌生的物体在自己周围飞来飞去。严重的会导致坠机的结局……

工作缺乏主动性，对所从事活动没有心理准备，全凭上级的临时指挥，不知道做什么，也不知道什么样的行为及其结果是得到奖励还是惩罚。整天处于胆战心惊之中，也容易引起疲劳和厌倦。

抑郁、焦虑、紧张也是导致疲倦最常见的原因。

……

测查疲劳程度

现代社会活动繁忙，竞争激烈，在职场中自我感觉疲劳的人可能占大多数。他们是一般性的疲劳还是带有病态的疲劳？

第五章 疲劳

主要是生理疲劳还是心理疲劳？疲劳的程度又是如何？所有这些仅靠每个人的自我陈述是不可取的，有人会夸张自己的情绪与状态，正所谓"为赋新词强说愁"；有人则故作镇静，欲言又止，正所谓"犹抱琵琶半遮面"。我们需要用科学的方法来界定真实的疲劳状态，唯有如此，所采用的应对策略才具有针对性与实效性。

这里邀请你做两个心理测验，以了解自己真实的疲劳状态。

疲 劳 量 表

1. 你是否有过被疲劳困扰的经历？

    是（ ）　　　否（ ）

2. 你是否想要多的休息？

    是（ ）　　　否（ ）

3. 你感觉犯困或昏昏欲睡吗？

    是（ ）　　　否（ ）

4. 你在着手做事情的时候是否感到费力？

    是（ ）　　　否（ ）

5. 你在着手做事情时并不感到费力，但当你继续进行时是否感到力不从心？

    是（ ）　　　否（ ）

6. 你感觉到体力不够吗？

    是（ ）　　　否（ ）

7. 你感到自己的肌肉力量比以前减少了吗？

是（ ）　　　否（ ）

8. 你感到虚弱吗？

    是（ ）　　　否（ ）

9. 你集中注意力有困难吗？

    是（ ）　　　否（ ）

10. 你在思考问题时，头脑像往常一样清晰、敏捷吗？

    是（ ）　　　否（ ）

11. 你在讲话时出现口头不利落的现象吗？

    是（ ）　　　否（ ）

12. 讲话时，你发现找一个合适的字眼很困难吗？

    是（ ）　　　否（ ）

13. 你现在的记忆力还像往常一样吗？

    是（ ）　　　否（ ）

14. 你还喜欢做过去习惯做的事情吗？

    是（ ）　　　否（ ）

评定标准：

轻度疲劳： 有 2~4 项符合。

中度疲劳： 有 5 项或 5 项以上符合，但持续时间少于一个月。

重度疲劳： 有 5 项或 5 项以上符合，但持续时间多于一个月，少于 6 个月。

— 第五章 疲劳 —

你的得分＿＿＿＿＿＿＿＿＿＿＿＿＿＿＿＿

你所处的疲劳状态＿＿＿＿＿＿＿＿＿＿＿＿＿

职业倦怠程度自测问卷

以下这种情况是否经常在你的工作中出现？请根据自己的实际情况填写问卷。

分值标准。1分：根本没有这种情况；2分：很少有这种情况；3分：有时会有这种情况；4分：在很大程度上有这种情况；5分：完全符合。

题　目	得分
（1）即便夜里睡得很好，你第二天上班的时候还是会感到困倦。	
（2）你会为小事感到发愁，而在过去你很少这样。	
（3）你总是一边工作，一边看时间，心里想着早点下班。	
（4）你认为自己是个完美主义者。	
（5）你不认为自己当前正在做的工作有意义。	
（6）你会忘记被分配给自己的任务、自己的约会，有时甚至会忘记自己的私人贵重物品。	
（7）你认为自己在工作中属于被忽略的角色，你的努力并没有受到重视。	
（8）你经常会感到头疼、身体痛，或者感冒。	
（9）你工作比以前更努力，可取得的成就却比以前少。	
（10）你通过做白日梦、看电视或者阅读与工作无关的读物等方式来逃避工作压力。	
（11）在工作中遇到问题时，你没有可信赖的人值得倾诉。	

续表

题 目	得分
（12）你更喜欢一个人待着，不愿意跟同事交流。	
（13）你在自己的工作当中感觉不到挑战和新意。	
（14）你对自己的工作和生活毫无控制感。	
（15）你经常在下班之后想着工作上的事情。	
（16）你对自己的同事没有好感。	
（17）在工作方面，你感觉自己像是掉进了一个陷阱。	
（18）你没有时间去做自己喜欢做的事情。	
（19）你在自己的工作中看不到有趣的事情。	
（20）你经常通过请假或者迟到等方式减少自己的工作时间。	

结果解释：

所有得分相加。

总分 25~35：倦怠度很低。

总分 36~50：倦怠度较低。

总分 51~70：轻度倦怠。

总分 71~90：倦怠度高。

总分 91 以上：倦怠度过高。

你的得分 _____

你所处的倦怠状态 _____

— 第五章 疲劳 —

专栏 27　慢性疲劳症候群

"慢性疲劳症候群"是一种令人痛苦、沮丧的疾病,患者会出现极度的疲惫,也无法因休息而获得改善。个人的身体功能在发病之后明显降低,而一些生理或心理活动常会使症状更加恶化。截至目前,慢性疲劳症候群的真正原因还不清楚。基本上,被诊断为"慢性疲劳症候群"的患者必须合乎下列两项标准:1.重度的疲劳持续超过 6 个月以上,并已经排除其他可能的疾病;2.下列 8 种症状中,至少出现 4 种以上:包括注意力或短期记忆力明显变差、喉咙痛、淋巴结疼痛、肌肉酸痛、多处关节疼痛但无红肿、头痛、愈睡愈累、运动后的疲倦超过 24 小时。除上述 8 大重点症状外,常出现的各式症状,还包括腹痛、腹胀、胸痛、慢性咳嗽、腹泻、头晕、眼睛或口腔干燥、耳痛、自觉心律不齐、下腭痛、恶心、盗汗、晨僵、呼吸急促、皮肤麻木或感觉异常,以及如焦虑、忧郁、坐立难安、恐慌等情绪障碍。

问题清单与解决方案

我的问题清单

（以下清单由读者根据自己的实际情况填写）

疲劳程度	疲劳量表结果：
	职业倦怠程度自测问卷结果：
自我感觉	对照前文描述及自己的实际感受逐条列出
	例：我感到自己的注意力与记忆力明显不如以前了。
	1.
	2.
	3.
	4.
	5.
情绪表现	对照前文描述及自己的实际感受逐条列出
	例：我对生活似乎失去了兴趣与激情。
	1.
	2.
	3.
	4.
	5.

第五章 疲劳

续表

行为表现	对照前文描述及自己的实际感受逐条列出
	例：我的工作效率明显下降，没做多少事便感到心力交瘁。
	1.
	2.
	3.
	4.
	5.
主要原因	根据前文描述及自己的实际情况找出自己疲劳的主要原因
	例：我每天的工作时间在 12 小时以上。
	1.
	2.
	3.
	4.
	5.

我的解决方案

（以下清单由读者参考以上描述，根据自己的实际情况填写）

目标	我意向中的理想状态是什么？
	例：精神抖擞，充满活力。
	1.
	2.
	3.
	阶段性目标
	在　　年　　月　　日前，我将达到　　　　状态。
	在　　年　　月　　日前，我将达到　　　　状态。
	在　　年　　月　　日前，我将达到　　　　状态。
	在　　年　　月　　日前，我将达到　　　　状态。
	在　　年　　月　　日前，我将达到　　　　状态。
	注：目标期望值不要定得太高，也不要太急。
利益	实现上述目标将给我带来的利益
	例：我的工作效率会更高，生活由此而带来积极的变化。
	1.
	2.
	3.
	4.
	5.

续表

认知	我现在对疲劳已有了以下新的认识
	例：疲劳是可以战胜的，只要方法得当。
	1.
	2.
	3.
	4.
	5.
行动	我将采取下述系列行动以应对疲劳
	1. 立即行动，今天就开始。
	2. 学习自我催眠技术，重点掌握1~2种方法即可。10~15天，每天2~3次。
	3. 同时根据书中提供的暗示语脚本，结合自己的实际情况，编写属于自己的暗示语脚本以及催眠音乐。
	4. 将自己导入自我催眠状态，进入状态后插入针对具体问题的暗示语脚本，着手解决自己的问题。
	5. 选择其他应对疲劳的方法，以协助疲劳问题的解决。
	6. 阶段性目标达成后予以自我奖励。
	7. 一个疗程结束后通过自我感受与量表测评确认治疗效果。

应对疲劳的催眠暗示语脚本

（1）生理疲劳

生理疲劳最主要、最直接的原因也是最主要、最直接的表现就是肌肉紧张度持续过高，且得不到恢复。与紧张相对应的状态是放松，如果能达到高水准的放松，将会使生理疲劳的状况有很大的缓解。

轻度疲劳的人,只要做了自我催眠,问题就能解决了。但对于中度、重度疲劳者来说,这可能还不够。还需要在进入自我催眠状态后再进行专门的身体放松暗示。

参考脚本

现在,我已经进入了令人陶醉的自我催眠状态,我正在享受自我催眠给我带来的愉快的感觉……

深深地吸一口气,慢慢地,一点一点地吐出来,慢一点,再慢一点……

我感到头顶有一股暖流在涌动,我的头皮在发热,非常舒服……

这股暖流开始往下流淌,我的面部肌肉也开始微微有点发热,面部肌肉愈来愈放松了,眼皮沉重,不想睁开,闭上眼睛十分舒服。又让我感到格外的轻松。

一阵清风吹来,掠过我的面颊,让我到达物我两忘的境界……

暖流到达了我的肩部,我的肩部开始放松了……肩部肌肉放松,再放松……肩部肌肉放松以后,我好像从肩上卸下一副重担,平时所承载的太多的紧张与压力统统卸了下来。体验!继续体验!继续体验肩部肌肉放松后的轻松的感觉……

疲劳正一点一点地离我而去,就是这种感觉!

暖流继续往下,到达了我的右臂、右手……又流到了我的左臂、左手……我的双臂,我的双手现在愈来愈沉重了,躺在床上非常舒服，不想动，一点也不想动，那是身体彻底放松后才会有的感觉……让我来细细地品味这种感觉！品味这种美妙的感觉！

暖流到达了我的胸部，胸部感到暖洋洋的，又从胸部到达了我的背部，背部的肌肉又放松了，整个人都完全实实在在地躺在床上，不想动，一点都不想动，只是在静静地享受这舒服的感觉……疲劳正在离我而去，离我而去……一定是这样的，不会错的！

暖流流向我的腹部，腹部开始发热……我的呼吸开始更深沉，也更轻松……再深深地吸一口气，慢慢地吐出来……整个人就像一朵白云，在湛蓝的天空中飘荡……

暖流到达了我的腿部和双脚，我的双腿感到非常的沉重，双脚却异常的暖和。这是一种过去没有体验过的舒服的感觉……我感到身体不再有疲乏的感觉，充足的能量又重新回到我的体内，是这样的，我能感觉到！

（2）心理疲劳

身体放松直接有助于生理疲劳的恢复，也间接有利于心理疲劳的恢复。但对于以心理疲劳为主的疲劳而言，仅有身体上的放松是不够的，还需要在心理上予以放松，才能彻底克服"心累"的问题。心理放松的本质是让心获得自由，获得解放，进而产生宁静、平和的心态，催眠暗示的重点亦在于此。

心理疲劳一定与紧张、沮丧等消极情绪有关，因此，心理放松首先要调整情绪状态。

参 考 脚 本

　　我正在体验进入自我催眠状态的愉快感觉……我的身体很轻很轻，一阵清风吹来，我的思绪随风飘荡，在天空自由翱翔……

　　思绪把我带回到了过去，带回到初恋（可根据各人自己的情况设定）的美妙时光……花前月下，卿卿我我，生活是多么美好！我的情绪又是多么的高涨……继续回味，继续体验那美好的感觉……

　　思绪又把我带到了未来，虽然我现在的生活状况有许多不尽如人意之处，可是我还有未来，想象一下吧！三年后、五年后、十年后的我，事业一定有大发展，生活也会有大改善，想到这里，心底不禁一阵亢奋……既然有美好的将来，现在的一些坎坷又算得了什么？

　　我有时情绪低落、沮丧，这是事实，我也不用去回避。但仔细想来，那是因为我经常在想一些不开心的事情。其实，我的生活中不也有许多令人陶醉的时刻吗？比如说：

　　和朋友欢聚的时候；

　　工作上有成就的时候；

　　做自己兴之所至的事情的时候；

　　买到一件称心如意的衣服的时候

　　……

第五章　疲劳

想到这里，一阵欣快感油然而生，我的情绪好了许多，整个人的身心一下子放松了……醒来以后，情况也会是如此，肯定是这样的，不会错的！

去除心理紧张的另一举措是以平和的心态看世界。红尘中的人有太多的欲望，太想得到而害怕失去，得失心太重，人自然不轻松。何不换一个角度看世界呢？

参考脚本

我现在心情很好，我现在可以心平气和地思考问题。过去，我为什么很累？那是因为我不能以平和的心态去看世界！

看到别人升迁了，我就郁闷；

遇到挫折了，我就哀叹世道不公；

同事的车比我好，心里也酸溜溜的；

谁有了成绩，我就想和他较劲；

……

如此这般，怎能不累呢？

从现在开始我会用另一种眼光看世界。"塞翁失马，焉知非福"；有所得，必有所失；遇到挫折，也淡然视之，因为人生中不可避免要遇到挫折，因为挫折也是一本绝佳的教科书。一个成熟的人必是遍尝生活中酸甜苦辣的人。禅宗说："风没动，帆没有动，是心动"，以平和的心态看世界，心情是多么的放松！这种平静的心情，不正是人生的最高境界吗？

想到这里,我有一种释然的感觉,心理彻底放松了……这种感觉非常好,醒来以后,我还会有这种感觉……

专栏28　老子《插秧诗》

手把青秧插满田,
低头便是水中天。
身心清净方为道,
退步原来是向前。

(3) 高质量休息

休息为生存之必需,也是应对各式各样疲劳的最佳方式。休息的功效要想发挥到极致,固然与休息的时间有关,也与休息的质量有关。有些人休息的质量不高主要有两方面的原因。

睡眠质量不高(有关提高睡眠质量的问题,将在"失眠"一章中解读)。

休息质量低下(为数不少的人休息时心存杂念,或者意识层面拒绝这么做,但潜意识却不同意)。

参 考 脚 本

我已经进入了自我催眠状态,潜意识的大门已经敞开……
在这轻松愉快的氛围里,我要平心静气地来审视自己的生活态度与生活习惯……

人活着必须要工作，但工作不是生活的全部……

我有休息的权利；我有休息的需要，在我休息的时候就是休息……

外出旅游就是纵情于山水，世间的纷争、生活的烦恼、工作的困难统统抛在一边……

打牌下棋就是完全投入，两耳不闻窗外事……

体育锻炼就是专注于运动，绝不左顾右盼……

在休息的时光，我将达到真正的宠辱皆忘的人生最高境界。

肯定是这样的，不会错的！

现在，我再次体验一下进入自我催眠状态后轻松愉快的感觉，那份轻松，那份惬意让我体会到什么叫"羽化而登仙"……

也许，在我今后的生活中，在休息的时候，我还会想到那些烦心事，但它稍纵即逝，不会长时间地停留在我的心头，因为那会使我感到很不舒服，很讨厌，肯定是这样的，不会错的！

其他应对疲劳的方法

▲ 沐浴有助恢复体力，沐浴时的水流会散发阴离子于空气中，围绕着你的身体，而阴离子会让人感到较快乐及较有活力。

▲ 让生活多一些变换，在单位，尝试换一换工作内容。在家中，也做一些平时不做的事，比如不做饭的人，不妨学着做

做菜；而常做的事则让别人去做。

▲ 多吃胡萝卜、韭菜、鳗鱼等富含维生素 A 的食物，以及富含维生素 B 的瘦肉、鱼肉、猪肝等动物性食品。此外，还应适当补充热量，吃一些水果、蔬菜及蛋白质食品如肉、蛋等来补充体力消耗，但千万不要大鱼大肉地猛吃。花生米、杏仁、腰果、胡桃等干果类食品，它们含有丰富的蛋白质、维生素 B、维生素 E、钙和铁等矿物质以及植物油，而胆固醇的含量很低，对恢复体能有特殊的功效。

▲ 绿色和蓝色对眼睛最好，在长时间用电脑后，经常看看蓝天、绿地，就能在一定程度上缓解视疲劳。同样的道理，如果我们把电脑屏幕和网页的底色变为淡淡的苹果绿，也可在一定程度上有效地缓解眼睛疲劳。

▲ 疲乏时，去户外逛一圈，精力可获得短时间的恢复，此时肾上腺素分泌增加了。如果要保持持久的旺盛精力，就必须有规律地进行体育锻炼——每周 4～5 次，每次 30～40 分钟的快步行走或每周 3～4 次，每次 30 分钟的慢跑。

▲ 选择一颗温润顺手的石头，最好有一面是比较平整的，放在热水中让石头有温暖的热度，再将石头顺着肩颈线慢慢滑动，让热度能传达到肩颈的部位，温暖舒畅，一扫疲惫。

▲ 主动休息。同样是休息，却有主动与被动之分。疲劳是会积累的，当你感觉疲劳时，其实你的疲劳已经积累得相当深了，这样很容易造成身体透支。这时再去休息，就是被动休息。主动休息就是用一种主动的心态去应付疲劳。不是在疲倦袭来

之后，而是在它到来之前，你已经进行过必要的休息了。

专栏 29　丘吉尔的秘诀

在第二次世界大战期间，丘吉尔已经近 70 岁了，却能每天工作 16 个小时，连年地在指挥作战，实在是一件很了不起的事情。

他的秘诀在哪里？

他每天早晨在床上工作到 11 点，看报告、口述命令、打电话，甚至在床上举行很重要的会议。吃过午饭以后，再上床去睡一个小时。到了晚上，在 8 点钟吃晚饭以前，他要再上床睡 2 个小时。他并不是要消除疲劳，因为他根本不必去消除，他事先就防止了。因为他经常休息，所以可以很有精神地一直工作到半夜以后。

放松小贴士

5.1 腿部放松

绷紧大腿：
- 挺直膝盖，抬起双腿，离地面约一千高。
- 然后用足力气，绷紧这块肌肉2~4秒钟。
- 让双腿突然落到垫子上——这是突然放松时最保险的方法。
- 感受两分钟左右。
- 重复练习1~2遍。

抬脚

第六章 失眠

简述失眠

失眠——

> ➤ 中医称之为"不寐""不得眠""不得卧""目不瞑"等。
>
> ➤ 是最常见的一种睡眠障碍。
>
> ➤ 主要表现为入睡困难、难以维持睡眠或睡眠质量差。
>
> ➤ 失眠者通常体验到睡眠焦虑和睡眠恐惧。

从睡眠生理指标来看,失眠可以分为:

确有睡眠生理指标异常；

有失眠体验却无任何睡眠生理指标异常证明。此类失眠者主观上也体验到深刻的失眠痛苦。

专栏30　失眠现状

流行病学研究显示，美国有三分之一的成年人存在睡眠障碍，日本为21%、加拿大为17.8%、芬兰为11.9%、法国为19%。中国睡眠研究会的一项调查报告称：中国成年人失眠发生率为38.2%，高于国外发达国家的失眠发生率。睡眠问题，已被世界卫生组织定为影响人们心身健康和长寿的十大危险因素之一。为引起人们对这一情况的重视，国际精神卫生和神经科学基金会2001年曾发起一项全球睡眠和健康计划，并将每年春季的第一天（3月21日）定为"世界睡眠日"。

对睡眠的种种错误认知

➢ 每天的睡眠时间必须保持在8个小时，否则就是没睡好。

错！8小时的概念只是人类睡眠的平均数，每个人所需要的睡眠时间常受年龄、性别、个人体质、习惯多种因素的影响，存在个体差异。不应将睡眠时间作为检验睡眠质量的唯一标准，只要第二天精力充沛、思维灵活、行为敏捷，就属于高质量睡眠。

第六章 失眠

> 既然入睡时间长,晚上一定要早早上床酝酿睡意。

错!专家建议,失眠者一定要牢记,不要试图控制睡眠,只在有睡意时才上床。早早上床却长时间的觉醒会导致失眠与睡眠环境(卧室、床)在心理上形成唤醒性条件反射,一进卧室,躺到床上,大脑就异常兴奋,伴随高度的紧张焦虑,继而失眠就发生了。

> 晚上睡不着,就抓紧早上和周末的时间多补补觉。

错!睡眠和逝去的时间一样,是补不回来的。宾夕法尼亚大学医学院的大卫·迪杰证实,睡得多与睡得少同样不利于健康。当然,偶尔熬夜或失眠,可以适当推后起床时间,以保证第二天精力充沛。

> 睡觉时候打鼾的人,睡得又深又甜。

错!打鼾是睡眠呼吸暂停综合征的一个主要临床表现,会严重影响睡眠质量,威胁身体健康,容易诱发高血压、脑心病、心律失常、心肌梗死、心绞痛。夜间呼吸暂停时间超过120秒容易在凌晨发生猝死。

> 晚上做梦是睡眠不佳的表现。

错！做梦是一种正常的心理现象。有学者说，无梦睡眠帮助身体得到休息，而有梦睡眠则帮助人的心理得到休息，二者缺一不可。最近研究结论还指出，"有梦睡眠有助于大脑健康"。如果有人只有无梦睡眠，感受不到有梦睡眠，那反而可能是大脑受损害或有病的一种征兆。

专栏31 睡眠的时相

睡眠由两个交替出现的不同时相所组成，一个是慢波相，又称非快速眼动睡眠，另一个则是异相睡眠，又称快速眼动睡眠，此时相中出现眼球快速运动，并经常做梦。非快速眼动睡眠主要用于恢复体力，快速眼动睡眠主要用于恢复脑力。

正常成年人入睡后，首先进入慢波相，历时70～120分钟不等，即转入异相睡眠，有5～15分钟，这样便结束第1个时相转换；接着又开始慢波相，并转入下一个异相睡眠，如此周而复始地进行下去。整个睡眠过程，一般有4～6次转换，慢波相时程逐次缩短，并以第2期为主，而异相时程则逐步延长。以睡眠全时为100%，则慢波睡眠约占80%，而异相睡眠占20%。将睡眠不同时相和觉醒状态按出现先后的时间顺序排列，可绘制成睡眠图，它能直观地反映睡眠各时相的动态变化。

> 中午不管休息多久，都是有利于健康的。

— 第六章 失眠 —

不一定！一般来说，午休可以养精蓄锐，恢复精力。有研究表明，每天午睡 30 分钟，可使冠心病发病率减少 30%。但午睡时间不宜过长，15~30 分钟为宜，若超过 1 个小时，醒来反而会感觉头疼或全身无力。而失眠者则应尽量避免午睡，以免降低晚上的睡意。

> ➢ 治疗失眠，吃安眠药物是见效最快最好的方法。

不一定！安眠药物的确有其功效，但如果长期服用，则会形成对药物的依赖心理，停药后出现"戒断"现象。且靠药物来治疗失眠，终究是治标不治本，最好还是找到导致失眠的心理因素，摆脱药物。

失眠给我们带来什么

出现头昏、头痛、胸闷、心悸、腹胀、嗜睡、乏力、反应迟钝、全身不适等症状。

出现肌肉紧张性疼痛。表现为腰背部、四肢及全身肌肉酸痛。

身体免疫力下降。

长期失眠会引发高血压、心脏病、高血脂、老年性痴呆。

过早衰老，缩短寿命。

白天精神萎靡，情绪低落，不能保持旺盛的精力，甚至悲观厌世。

情绪变得低落、紧张、焦虑、抑郁、恐惧等。

记忆力下降。

植物神经紊乱,注意力不集中。

与周围人相处紧张易怒,人际关系恶化。

工作效率降低,工作激情消退,思维能力下降。

儿童失眠会影响身体的生长发育。

陷入失眠—焦虑—再次失眠的恶性循环,恐惧睡眠。

可能诱发出现幻觉、妄想等严重的精神障碍。

导致神经衰弱、抑郁症、焦虑症、精神分裂症等精神疾病。

……

引发失眠的种种原因

睡眠习惯差。如夜生活过度;在床上从事与睡眠不相关的活动(如看电视、打电话、吃零食、看书等);必须依赖看电视或听广播入睡等。

睡眠不规律。倒时差,轮班工作带来的睡眠规律紊乱。

不良饮食习惯。"胃不安则夜不眠",过饿、过饱、过于油腻、喝水过多等都可能引起失眠。

性别因素。失眠者中女性多于男性,另据科学研究,女性每天所需要的睡眠时间比男性多 15 分钟。

年龄因素。年龄多在 41~50 岁,其次为 60 岁以上。如今,

— 第六章 失眠 —

31~40岁者因家庭、工作压力重，失眠率逐渐升高。

专栏32　人类可以不睡觉吗？

没有动物是可以不睡觉的，睡眠对一切动物都是很需要的，不过因生存条件、环境的优劣和新陈代谢的不同，决定了各种动物的睡眠方式、睡眠地点和睡眠时间的不同。相比大多数动物，人类对睡眠更加依赖。心理学家拿两条同样健壮的狗作为实验对象，其中的一只让睡不让吃，另一只既不让睡也不让吃。结果前一只狗坚持了30天才死去，后一只狗只坚持了10天。而一个人只喝水不进食可以活7天，但是如果再加上不睡眠，只能活4天。

睡眠的意义还不仅仅限于基本的生存。澳大利亚的布朗博士曾经做过一次有趣的实验，他将大剂量流感病毒注入老鼠体内，并在其感染后的7天内阻止其睡眠，可以观察到其反应能力明显减弱，肺部存活的病毒数量增加了近1000倍，而对照组动物则明显表现出对流感病毒的免疫力。这说明，在允许老鼠充分睡眠的情况下，它们完全可以自行消除体内的病毒。

看来，我们就别打以放弃睡眠来增加活动时间的主意了。

职业因素。网上列举出十大失眠职业，分别是：作家、记者、演员、警察、设计师及创意人、夜班的士司机、夜班护士、巡夜保安、24小时便利店店员、全日医疗陪护。另外，赋闲在家的退休人员以及工作压力巨大的管理人员都是容易失眠的群体。

115

个性因素。失眠者大多比较"神经质",多为惆怅型、敏感型、偏执型,他们的口头禅往往是"今天又没睡着"。

睡眠环境恶劣也会导致睡眠质量降低。如,睡眠场所突然变更;枕头、床垫、被褥不舒适;到海拔高的地方产生高原反应;噪音、强光、异味、严寒酷暑、蚊虫、床伴打鼾等干扰。

疾病因素。内科疾患的疼痛及不适感、外伤疼痛和精神科疾病及其治疗药物的副作用常常是失眠的直接或间接原因。

药理因素。摄入咖啡因、尼古丁、酒精、浓茶、毒品、药物等引起中枢神经兴奋的物质可能引起失眠。

因为对睡眠存在错误的认知导致失眠。

当生活遭遇重大变故时,选择运用消极不成熟的应对方式,如自责、幻想、退避,自控能力差,加重失眠。

失眠者通常不是高估了睡眠潜伏期,就是低估了自己的睡眠时间。睡眠感丧失、认定自己"少眠"或"不眠"会让其压力倍增。

夸大失眠的后果,担心失眠会带来一系列的身体疾病,异常紧张和焦虑,继而失眠。

情绪抑郁、焦虑的人往往存在入睡困难、早醒等失眠症状。

比失眠更可怕的是怕失眠,对失眠的恐惧心理使大脑神经活动更兴奋,反而睡不着。

因犯下错误而产生的内疚自责心理往往使人夜不能寐。

因第二天的重大事件而过度兴奋也会引起失眠。

…………

— 第六章 失眠 —

测查失眠程度

如果你想知道自己是否陷入了失眠这种亚健康状态，可以通过国际权威问卷——阿森斯失眠量表来进行检测。

阿森斯失眠量表

本量表用于记录您对遇到过的睡眠障碍的自我评估。

对于以下列出的问题，如果在过去一个月内每星期至少发生三次在您身上，就请您圈点相应的自我评估结果。（0~3 为该选项分值）

1. 入睡时间（关灯后到睡着的时间）

    0 没问题；　　1 轻微延迟；

    2 显著延迟；　3 延迟严重或没有睡觉。

2. 夜间苏醒

    0 没问题；　　1 轻微影响；

    2 显著影响；　3 严重影响或没有睡觉。

3. 比期望的时间早醒

    0 没问题；　　1 轻微提早；

    2 显著提早；　3 严重提早或没有睡觉。

4. 总睡眠时间

    0 足够；　　　1 轻微不足；

    2 显著不足；　3 严重不足或没有睡觉。

5. 总睡眠质量（无论睡多长）

　　0 满意；　　　1 轻微不满；

　　2 显著不满；　3 严重不满或没有睡觉。

6. 白天情绪

　　0 正常；　　　1 轻微低落；

　　2 显著低落；　3 严重低落。

7. 白天身体功能（体力或精神：如记忆力、认知力和注意力等）

　　0 足够；　　　1 轻微影响；

　　2 显著影响；　3 严重影响。

8. 白天思睡

　　0 无思睡；　　1 轻微思睡；

　　2 显著思睡；　3 严重思睡。

评判标准：

如果总分小于 4 分：无睡眠障碍；

如果总分在 4~6 分：怀疑失眠；

如果总分在 6 分以上：失眠。

你的得分 _____

你所处的睡眠状态 _____

第六章 失眠

问题清单与解决方案

我的问题清单

失眠程度	阿森斯失眠量表结果：
自我感觉	对照前文描述及自己的实际感受逐条列出
	例：我感觉入睡特别困难，好不容易睡着了又特容易惊醒。
	1.
	2.
	3.
	4.
	5.
情绪表现	对照前文描述及自己的实际感受逐条列出
	例：我感觉很焦虑，想起睡觉就觉得恐惧。
	1.
	2.
	3.
	4.
	5.
行为表现	对照前文描述及自己的实际感受逐条列出
	例：我每天都尽可能早上床睡觉，却经常躺一夜都睡不着。
	1.
	2.
	3.
	4.
	5.

续表

主要原因	根据前文描述及自己的实际情况找出自己失眠的主要原因
	例：我的工作时间太不规律了，导致生物钟紊乱。
	1.
	2.
	3.
	4.
	5.

我的解决方案

目标	我意向中的理想状态是什么？
	例：躺在床上半小时内可以轻松入睡，醒来神清气爽。
	1.
	2.
	3.
	阶段性目标
	在　　年　　月　　日前，我将达到　　　　状态。
	在　　年　　月　　日前，我将达到　　　　状态。
	在　　年　　月　　日前，我将达到　　　　状态。
	在　　年　　月　　日前，我将达到　　　　状态。
	在　　年　　月　　日前，我将达到　　　　状态。
	注：目标期望值不要定得太高，也不要太急。

第六章 失眠

续表

利益	实现上述目标将给我带来的利益
	例：白天精力充沛，工作有效率。
	1.
	2.
	3.
	4.
	5.
认知	我现在对失眠已有了以下新的认识
	例：偶尔一天睡不到八个小时没什么大不了的，只要精力充沛就是好睡眠。
	1.
	2.
	3.
	4.
	5.

续表

行动	我将采取下述系列行动以应对失眠
	1. 立即行动，今天就开始。
	2. 学习自我催眠技术，重点掌握1~2种方法即可。10~15天，每天2~3次。
	3. 同时根据书中提供的暗示语脚本，结合自己的实际情况，编写属于自己的暗示语脚本以及催眠音乐。
	4. 将自己导入自我催眠状态，进入状态后插入针对具体问题的暗示语脚本，着手解决自己的问题。
	5. 选择其他应对失眠的方法，以协助失眠问题的解决。
	6. 阶段性目标达成后予以自我奖励。
	7. 一个疗程结束后通过自我感受与量表测评确认治疗效果。

应对失眠的催眠暗示语脚本

（1）错误认知造成的失眠

造成个体情绪困扰、行为失调的并非刺激或事件本身，而是人对刺激或事件的认知。改变认知就能改变行为。人之所以失眠，很大程度上也是因为对睡眠存在错误的认知，只要加以修正，就能自然改善睡眠状况。

参 考 脚 本

我之所以失眠是因为对睡眠存在太多错误的观点，今天，

― 第六章　失眠 ―

我会梳理出所有的错误想法，加以改正，我相信，以后我再也不会失眠了，一定是这样的……

A

以前我总觉得每天必须睡够8个小时，那才叫睡好了。这是不对的，每个人需要的睡眠时间长短因人而异，只要第二天身体好、精神好、思维敏捷，就是好睡眠。我发现自己每天睡6~7个小时就足够了，这样还可以比别人多出很多时间去享受生活，我应该开心才是，不必让它成为负担……嗯，这样一想，我感觉轻松了许多，对睡觉时间也没有那么苛求了……

B

为了晚上能多睡会儿，我总是早早就上床了，清晨醒得早也要赖在床上希望能多睡一会儿。医生说了，这种生活方式是错误的。以后，我只有在有睡意的时候才上床，如果躺在床上20分钟还没能睡着，我就马上起身，等有睡意了再重新上床……久而久之，我晚上一躺在床上就会感觉有睡意，自然而然进入梦乡了……这种感觉真好，我要继续保持……

C

以前我喜欢利用空闲和周末的时间拼命补觉，以致把生物钟都打乱了，晚上经常失眠。其实睡眠不是粮食，不能储存，所以平时积攒太多也没用。以后，我只在晚上才睡觉，第二天起床时间保持跟平时一致。如果前一天实在睡得太少，我可以在中午睡上半小时到一小时……总而言之，我要保持稳定的生物钟，一定不能随意打乱……

D

很多大艺术家的灵感都来自梦境，而且做梦是睡眠必不可少的一部分，所以做梦一点都不可怕，根本不用当成一种负担，我只要心态放轻松，说不定我也能从梦境里找到成功的灵感呢……

E

医生说，安眠药物有很多副作用，而且容易上瘾，我发觉自己已经对它产生一些依赖了。其实要改善睡眠有很多方式，不一定要吃药，我相信，自我催眠后我失眠情况就会改善很多，效果跟吃药是一样的……嗯，就是这样，自我催眠后，我会产生强烈的睡意，睡意越来越浓，我马上就要睡着了……

（2）情绪问题造成的失眠

失眠者常伴随多种情绪障碍，负性情绪会导致失眠，而失眠又进一步巩固了这些负性情绪体验。常见的引起失眠的情绪因素有：夸大、抑郁、焦虑、恐惧、内疚、兴奋等。

保持乐观积极的态度和一颗平常心，即使人生无常，依然可以夜夜好觉。

参 考 脚 本

人的一生，不如意事常八九。碰到一些不顺心甚至失败的事情都是正常的，只要我能保持乐观积极的态度，勇敢面对生活，总能找到解决问题的方法，愉快生活。最重要的是活在当

— 第六章　失眠 —

下，不要让我的脑袋里装满了这些悬而未决的事件。现在，我只要美美地睡上一觉，明天一早一定会精神抖擞，可以全神贯注地投入生活，从容不迫地解决问题……是的，所以为了更好的明天，我现在要睡了，马上就要睡着了……

失眠者通常都有夸大失眠程度的心理倾向，不是高估了睡眠潜伏期，就是低估了自己的睡眠时间。

参 考 脚 本

我发现我一直在夸大自己失眠的程度，我以为自己整晚整晚都睡不着，始终保持着清醒状态，其实不是这样的。家人、朋友都说，有时候已经听到了我进入梦乡后平稳的呼吸声，甚至还有轻微的鼾声，以前只是我自以为通宵未眠……事实上，临床研究发现，失眠再严重的人，一夜之间总还有一些短暂的睡眠存在……我也一样，一夜总有睡着的时候。所以我根本不必担心，睡眠是人的生理需求，我只要顺其自然，像现在一样，全心放松，享受睡眠自然到来的过程……

比失眠更可怕的是怕失眠。失眠者对上床睡觉有一种心理恐惧，潜意识里出现对"上了床便睡不着"这一情境的期待心理。

参考脚本

因为失眠，我焦虑、抑郁、消极，这都是因为过分地夸大了失眠的可怕。现在我知道了，失眠并不可怕，可怕的是怕失眠。现在，我只要全身放松，跟随我的深呼吸，在吐气的时候把消极情绪统统吐出去，那么我就可以轻松入睡了……是的，下面我就把注意力集中到深呼吸上，然后缓缓地呼气……

对于自己犯下的种种错误，人们总是感到内疚自责，耿耿于怀。沉浸在懊悔内疚的情绪和更改往事的幻想中，往往夜深人静仍然难以入眠。

参考脚本

是的，今天真的是太难堪了，工作多年的我居然还会犯如此低级的错误，主持会议的时候，当着全公司员工的面将王总介绍成了陈总……现在只要一回想起那一幕，我还是忍不住面红耳赤、浑身燥热，说不出的难受，晚上我彻夜难眠，一遍遍地回想着当时的情景，幻想如果时间能够倒流，我一定不会再犯同样的错误……

可是，我应该看到，已经发生的事情再也无法更改，我的幻想只让我愈发自责了……其实换一种角度想想看，这件事情也提醒了我，提醒我以后在工作时一定要全神贯注，精力集中，不要再重演今天的故事……而且，仔细回想，当时几乎所有人都没有在意我将老总的姓氏介绍错了，大家都很自然地继续下

── 第六章 失眠 ──

面的程序,老总甚至还谅解地朝我微笑了一下,暗示我不用太在意……嗯,我想,是我自己把事情看得太严重了……是的,最关心我表现的人就是我自己……现在,我可以放松下来了,让这件事情自然地过去,明天,我会以饱满的热情开始一天的工作……好的,没有尴尬,没有难堪,我还是以前那个我,现在,我要好好地睡一觉,明天,我会神清气爽地去上班……

(3) 习惯不良造成的失眠

有时,失眠是由不良习惯引发的。如果是这样的话,在意识层面与潜意识层面改变不良习惯就是其关键所在了。

参 考 脚 本

闭上眼睛,我看到我有很多不良的睡眠习惯,正是这些习惯导致了失眠。我决定从现在起培养正确的睡眠习惯,那么很快我就会摆脱失眠,睡个好觉了……一定是这样……

A

我看到自己晚上12点以后还在熬夜看电影、看小说,错过了正常的睡觉时间;我看到我在周末的时候经常中午才起床,打乱了生物钟。我决定,从明天起,每天晚上11点准时上床睡觉,并且第二天清晨7点准时起床……每天一到晚上11点,我就会觉得很困,想睡觉,那么我就准时上床,我会睡得很香、很熟,会一直睡到第二天7点才醒……醒来我感觉非常好,精神饱满,思维敏捷……我的身体会记住这种状态,每晚11点到第二天7点,我都处在沉睡之中，睡得非常香甜……是的，我的身体会记住并每天保持这种状态……

B

我看到自己在床上看电视、听音乐、看书、上网，天哪，有一次我居然还在床上吃东西！就是这些举动让我的潜意识误以为床不是睡觉的地方，而是我的办公桌了。我一定要摒弃这些行为。以后，每当我上床的时候，就会有倦意袭来，除了睡觉和性生活，我什么都不想做。当我再在床上做与之无关的事情的时候，我会觉得非常难受，躺或坐在床上如芒刺在背，一定要走下床去做才会舒服……嗯，就是这样……从今天起，床会成为我睡觉、做梦的天堂，当我躺在床上的时候，我感受到被褥的柔软、温暖，我每天深陷其中，甜甜入睡……

C

我看到咖啡刺激了大脑神经，影响了我的睡眠。从今天起，每天晚上6点以后，我坚决远离这些刺激性饮品！晚上6点以后我再喝咖啡，会觉得味道特别怪，闻上去恶心，让我想吐……是的，就是这种感觉，我再也不想在晚上喝咖啡了……酒啊，茶啊，油腻的东西也一样，只要过了晚上6点，我再也不想看那些食物一眼……嗯，一定是这样的，我现在想到它们的味道就已经想吐了……

需要注意的是，习惯并非一朝一夕可以养成，可能会出现阶段性反复，因此要有心理准备，要有长期坚持的决心，效果一定是很显著的。

（4）动机不当造成的失眠

人们通常认为，失眠者想入睡的愿望非常迫切，因此睡眠动机毫无疑问是很强烈的。事实上，失眠者对入睡存在强烈的动机冲突。一方面，他们饱受失眠之苦，渴望睡眠；另一方面，长期"想睡不能睡"的现实经验又让他们深感恐惧，潜意识里逃避上床睡觉。由此带来两个问题，一是过强的入睡愿望使大脑过度兴奋导致无法入睡；二是对失眠及失眠后果的恐惧使之失去入睡的信心。

专栏33　幸运的乞丐

一位没有继承人的富豪死后将自己的一大笔遗产赠送给远房的一位亲戚，这位亲戚是一个常年靠乞讨为生的乞丐。这名接受遗产的乞丐立即身价一变，成了百万富翁。新闻记者便来采访这名幸运的乞丐："你继承了遗产之后，你想做的第一件事是什么？"乞丐回答说："我要买一只好一点的碗和一根结实的木棍，这样我以后出去讨饭时方便一些。"

参 考 脚 本

失眠已影响了我的正常生活，整个白天我都在不停地想起失眠的事情，晚上就更紧张了。其实没那么严重，我要放轻松一些。睡觉就像人渴了要喝水、饿了要吃饭一样，是很自然的过程，人困了、累了就会睡着的。经过白天一天的辛苦工作，晚上我感觉很疲劳，很困倦，躺在床上不用做任何努力，一会儿就自然而然地睡着了……嗯，不会错，一定是这样的……

专家说了，失眠并不是什么严重的疾病，不会给身体带来器质性伤害，人的身心弹性很大，一天或几天少睡几个小时没什么关系，我用不着过分担心，保持平常心，睡眠就会如期而至……

我相信，用催眠来治疗失眠一定是有效果的。我要对自己有信心，相信身体自然会调节适应，我一定可以凭自己的力量改善睡眠……没错，经过催眠我一定会好好地睡上一觉，第二天神清气爽地醒过来……

（5）生活事件造成的失眠

亲人离世、夫妻离异、事业不顺、学习压力、经济重担、感情受挫……当生活遭遇重大变故，试问又有几人能一笑置之，心如止水呢？多数人都会在深夜里一个人伤心忧虑以致不能成眠，"失眠"就这样在我们最不防备的时候悄然到来。

因生活应激事件而导致的失眠一般都为短暂性失眠，经过一段时间的心理调适和恢复，大部分人便可痊愈，恢复正常生活，少部分人会进入持续失眠的困境中无法自拔。后者往往不具有成熟的应对方式，选择自责、幻想、退避的多，尝试解决问题、选择求助的少，自我控制能力也差。

专栏 34　三种类型的动机冲突

当处于相互矛盾的状态时，个体难以决定取舍，表现为行动上的犹豫不决，这种相互冲击的心理状态，称为动机冲突。

动机冲突主要有以下三种类型。

1. 双趋冲突

指两种对个体都具有吸引力的目标同时出现，形成强度相同的两个动机。由于条件限制，只能选其中的一个目标，此时个体往往会表现出难于取舍的矛盾心理，这就是双趋冲突。"鱼与熊掌不可兼得"就是双趋冲突的真实写照。

2. 双避冲突

指两种对个体都具有威胁性的目标同时出现，使个体对这两个目标均产生逃避动机，但由于条件和环境的限制，也只能选择其中的一个目标，这种选择时的心理冲突称之为双避冲突。"前遇大河，后有追兵"正是这种处境的表现。

3. 趋避冲突

指某一事物对个体有利与弊的双重意义时，会使人产生两种动机态度：一方面好而趋之，另一方面则恶而远之。所谓"想吃鱼又怕鱼刺"就是这种冲突的表现。

参考脚本

在催眠状态中，我感受到久违的放松和愉悦，这段时间背负的压力和伤心仿佛一下子全都消失了……这种感觉如此美好，让我再好好体验一下，记住现在这一刻……

我的眼前浮现出父亲那熟悉的脸庞，他还像往常一样，带着宠爱的眼神微笑着看着我……我感觉自己又止不住伤心落下泪来……已经很长时间了，我看到自己仍然不能接受父亲去世的事实，而是一味地逃避，幻想父亲哪天能推门进来，唤我出来吃饭……我看到我后悔自己没能在父亲去世前多回来看看他，这种"子欲养而亲不在"的遗憾让我一直放不下……于是我每晚在床上辗转反侧，整夜整夜地失眠……

现在我知道，我是用了最消极的态度来面对父亲去世的事实。我伤心逃避，不肯面对现实，这严重影响了我的生活，我的母亲，我的亲人，他们不但要为失去父亲伤心，还要为我担心。我对自己说，这是不对的，我要积极地生活，为了自己，也为了在世的亲人，再也不能留下和对父亲一样的遗憾……嗯，我一定能做到，从明天起，我要乐观地开始生活，我会照顾母亲，和睦亲友，我要投身工作，加强运动，让自己快乐起来……我相信，这也是父亲愿意看到的……嗯，明天一定会是全新的一天！

其他生活事件可参考上述父亲去世的催眠脚本，加以改编，使之更符合你的实际情况。

— 第六章 失眠 —

催眠后暗示效应的利用

建立催眠后暗示效应,对失眠者来说具有重要的意义。因为失眠者往往无法形成环境与睡眠的特定联结,而催眠后暗示则可以借助某些事物或动作帮助他们重新建立固定的条件反射。

参考脚本

我躺在床上,体验到久违的放松和舒适……身体仿佛躺在云端,轻飘飘地没有重量,心情非常愉悦……这种感觉让我回想起上次旅游时,在美丽的景区度过的一个非常宁静安详的夜晚,那晚我睡得很深很甜,就像现在一样……我要记住这种感觉,当我再次躺到床上的时候会马上回想起那个美丽的夜晚,像那天一样心情愉快地进入梦乡……

专家说,睡前喝杯牛奶有助睡眠。明天我就这样做。现在,我想象香醇的牛奶顺着喉咙缓缓滑下,胃里暖暖的,全身软软的,感觉血管里的血液像牛奶般在缓缓流动,我渐渐想睡了……是的,明天当我喝完一杯牛奶之后,会重新体验到现在的感觉,睡得又香又甜……

其他应对失眠的方法

▲ 睡前不要吃刺激性的食物,例如咖啡和浓茶,睡前8小

时就要对这类食物敬而远之。

▲ 睡前不要吃得太饱,最好晚上 7 点后不要再吃正餐。

▲ 睡前可以喝一杯牛奶或温蜂蜜水,或吃个苹果、一片面包。

▲ 平日多食用一些可以提高睡眠质量的食物,如红枣、百合、小米粥、核桃、蜂蜜、葵花子等。

▲ 莫扎特的音乐和电风扇的噪音——最好的治疗失眠的方法。

▲ 睡前也可以听其他舒缓的器乐曲。最好乐曲里有波浪拍打岸边的声音、海鸥的叫声——它能使你很放松。

▲ 遛狗。与四条腿的朋友交流会大大降低神经紧张,且睡前半小时的散步会很好地缓和神经系统。

▲ 泡个香精油澡或者海盐澡。

▲ 练太极拳可以调整神经功能活动,使高度紧张的精神状态得到恢复,阴阳达到平衡。因此,通过练拳养神,能够治疗神经衰弱、健忘失眠、神志不宁等症。

▲ 睡前感受一下寒冷,然后盖上被,这种感觉如同冷天往被窝里放个热水袋一样惬意。

▲ 物理治疗。如,经颅微电流刺激疗法。

▲ 食补。猪心枣仁汤、龙眼莲子羹、天麻什锦饭等都是不错的催眠食谱选择。

……

放松小贴士

6.1 背部放松（一）

尽力抬起
突然放松!!!

放松背部：
（一）弓背
● 用足力气，绷紧肌肉2~4秒钟。
● 突然放松。
● 感受约2分钟。
● 然后重复一遍此练习。

6.2 背部放松（二）

（二）空心交叉
● 绷紧你的背部，用足力气，弓成一个空心交叉的姿势（如图）。保持这个紧张姿势2~4秒钟。
● 然后突然放松。感觉到你的背部与垫子相碰触，好像撞了一下。
● 感受2分钟。
● 再重复一遍这个练习。

像一只弯弓，画一道美丽的曲线

第七章 冷漠

简述冷漠

冷漠是一种对他人冷淡漠然的消极心态。

主要表现为对人对事漠不关心、冷眼视之。既不与他人交流思想感情，又对他人的不幸冷眼旁观、无动于衷。这种复杂的心态包含了自我心理的灰暗，对外界人与物的敌意以及消极的自我保护。

> 冷漠≠极端自私。
> 冷漠≠性格内向，情感强度较弱。
> 冷漠≠作为心理障碍的情感淡漠。

第七章　冷漠

如今，这种消极心态如瘟疫般在都市中蔓延、流行……

专栏35　凶手是谁？

因为发生意外，6个人被困在黑夜的寒风中瑟瑟发抖。他们每个人手里都握着一根木棍。篝火眼看就要熄灭了，亟须添加木柴。

第一个人将自己的木棍紧紧地握着不肯松手，因为在篝火边围坐的几个人中，她注意到有个黑人。

第二个人环顾左右，没有看到哪个人和自己是同一个教堂的，也不愿意将自己的桦树棍加到篝火中。

第三个人衣衫褴褛，他也无动于衷。他的木棍为什么就该用来供那个闲散的富人取暖呢？

富人坐在那里闭目养神，想着自己仓库中的财富，盘算着如何让那些从懒惰的穷人身上赚来的资产保值增值。

当篝火从黑人眼前熄灭时，他面露报复的快感，因为他在自己的木棍上看到了刁难白人的机会。

在这群落难者中，还有最后一个人，他如果没得到就不会付出。只帮助那些给予自己帮助的人是他的游戏规则。

第二天，人们发现6个人都死去了。冰冷的手中紧紧握着的木棍见证了人类的罪恶。他们不是死于外面的寒冷天气，而是死于内心的冷漠无情。

冷漠给我们带来什么

冷淡、消沉、怠惰、萎靡、不在乎、无所谓等冷漠情绪和消极态度，容易导致不健康的心理行为，甚至心理障碍。

对规则、安全制度的冷漠易导致违规行为，严重的会危及生命安全。

感受不到他人的情绪，与他人移情、共情的心理机制被阻断，失去了应有的热情和同情心，在不知不觉中伤害他人，甚至至亲至爱之人。

同事关系、邻里关系、家庭关系淡漠，降低工作和生活的品质。

对性生活提不起兴趣，危及夫妻感情。

职业冷漠更可能会危害他人、社会幸福，是一种不道德的行为。

在人际交往中戴上灰色眼镜看待人生，缺乏热情和主动，关系的处理往往不甚理想。

冷漠阻断了与外界的交往，内心深处的体验多是孤寂、凄凉和空虚。

道德冷漠会在无形中成为社会恶势力的帮凶——见死不救，让英雄流血又流泪，造成社会风气的下降。

对环境、资源的冷漠不利于节约型社会的建立，浪费现象随处可见。

冷漠减少了生活的快乐，使我们缺少可以进行情感交流的朋友，使我们的心灵没有寄托，使我们没有改变的勇气，使我们无法清醒地面对自己和自己的生活。

专栏 36　请为你的冷漠付费

1935 年，时任纽约市长的拉瓜地亚在一个位于纽约最贫穷脏乱区域的法庭上，旁听了一桩偷窃案的审理。被控罪犯是一位老妇人，被控罪名为偷窃面包。在讯问到她是否清白或愿意认罪时，老妇人嗫嚅着回答："我需要面包来喂养我那几个饿着肚子的孙子，要知道，他们已经两天没吃到任何东西了……"审判长答道："我必须秉公办事，你可以选择 10 美元的罚款，或者是 10 天的拘役。"判决宣布之后，拉瓜地亚从席间站起身来，脱下帽子，往里面放进 10 美元，然后面向旁听席上的其他人说："现在，请每个人另交出 50 美分的罚金，这是为我们的冷漠所付的费用，以处罚我们生活在一个要老祖母去偷面包来喂养孙儿的城市与区域。"无人能够想象得出那一刻人们的惊讶和肃穆，每个人都默无声息地、认认真真地捐出了 50 美分。

引发冷漠的种种原因

现代社会是契约型社会，人们的利益多数情况下靠契约来维持而不是情感。于是情感的作用被削弱了，人情冷漠也悄然成为一种趋势。

日益被强调的"个性"使人们更加自我，更加注重自身的感受，更加注重自己对各种权益的追求。个性即意味着排他，人越来越成为绝缘而孤立的个体，冷漠随之而产生。

冷漠通常是受人欺骗、暗算等心灵创伤或因种种原因受人漠视、轻视甚至歧视所致。为防止再度受到伤害，也为了取得心理平衡，故对外界持抵触和敌意的态度。

早年生活中缺少关爱，对爱缺少感受，使其表现得较为冷漠。

专栏37　旁观者冷漠实验

在1964年的一起女子谋杀案件中，新闻报道称，有38个人目睹或者听见案件的发生却没有采取任何行动。约翰·巴利和比博·拉塔内希望通过研究验证，当人处于群体环境中时，是否就不愿意施以援手。

这两位心理学家邀请了一些志愿者参与了试验。他们告诉受试者，鉴于会谈可能涉及极其私人化的内容（诸如讨论生殖器大小之类的话题），因此，每个人将被分隔在不同的房间，仅使用对讲机来相互沟通。

在会谈中，一名参与者假装突然病发，当然这可被其他受试者听见。我们并不完全确定此通话传达给他们的信息是对方发病，但我们确保诸如"噢，我的癫痫发作了"之类的话将被其他受试者听到。

当受试者认为除发病者外，他们是参与讨论的唯一一人，85%的人会在对方假装病发时自告奋勇地离开房间去寻求帮助。

当实验环境发生转变，受试者认为还有另外4个人参与讨

第七章 冷漠

论时,只有31%的人在对方发病后会去帮助此人,剩下的受试者猜测会有其他什么人去照顾此人。所以在某种程度上,"多多益善"这种词失去了其真意,更正确的表述应该是"多多益死"(人愈多的情况下,就有愈高的概率死于发病)。

由此推及,在紧急情况下,假如你是当事人身边的唯一一个人,你参与援助的动力将大大增加,你将感觉到对此事具有100%的责任。然而,当你仅是10个人中的一个时,你将只感到10%的责任;问题在于,其他每个人也只感到10%的责任。

有的人从小备受宠爱,变得自私、软弱、缺乏独立性,不懂得爱朋友,也没有人愿意爱他,造成自己孤僻冷漠的性格。

因气质与性格类型偏内向,有些人喜欢内省和面对自己内心的精神活动,也容易表现出冷漠。

不当的职业选择,一成不变的工作环境,长期面对高压和痛苦的情境,易形成职业冷漠。

沉湎网络虚拟世界,与现实世界接触较少,会患上"情感冷漠症"。

"责任分散现象"。很多时候旁观者成为冷眼看客,并不是因为他们真的如此冷漠,而是由于其他旁观者的存在,伸出援手的责任无形中被分散了。

法律法规的不完善是道德冷漠现象存在的重要原因。救人者常会惹官司上身,见死不救者反而不必承担任何责任,这使得大众更愿意选择冷眼旁观。

"淡漠型甲亢",多见于老年人。即甲状腺激素分泌增多,出现甲状腺功能亢进,容易出现疲乏无力、不思饮食、精神萎靡、抑郁、冷漠等神经、精神状态。

……

测查冷漠程度

冷漠量表

Apathy scale (by Starkstein et al., 1992)

根据自己最近一个月以来的实际情况填写下表。

题 目	完全不符合	有一点符合	基本符合	完全符合
1. 你喜欢学习新鲜事物吗?				
2. 你有感兴趣的事物或人物吗?				
3. 你关心自己的情况吗?				
4. 要去做某一件事时,你总是投入很多的努力?				
5. 你总是会找些事来做?				
6. 你有关于未来的计划或目标吗?				
7. 你有积极性吗?				
8. 参加日常活动时,你充满干劲吗?				
9. 你需要别人来告诉你该干哪些事吗?				
10. 有没有觉得提不起兴趣来?				

第七章　冷漠

续表

题　目	完全不符合	有一点符合	基本符合	完全符合
11. 你对许多事物都漠不关心吗？				
12. 你需要被别人催着去干某事吗？				
13. 你既不感到快乐也不感到难过，感觉总介乎两者之间？				
14. 你觉得自己冷漠吗？				

分值标准：

问题 1~8，完全不符合 =3 分，有一点符合 =2 分，基本符合 =1 分，完全符合 =0 分

问题 9~14，完全不符合 =0 分，有一点符合 =1 分，基本符合 =2 分，完全符合 =3 分

将所有得分相加，14 分以上者，说明有了冷漠心理，应该及时调节，逐步走出消极心态。

你的得分 _____

你所处的冷漠状态 _____

问题清单与解决方案

我的问题清单

（以下清单由读者根据自己的实际情况填写）

冷漠程度	冷漠量表结果：
自我感觉	对照前文描述及自己的实际感受逐条列出
	例：我总是觉得提不起兴趣来。
	1.
	2.
	3.
	4.
	5.
情绪表现	对照前文描述及自己的实际感受逐条列出
	例：我既不开心也不难过。
	1.
	2.
	3.
	4.
	5.

第七章 冷漠

续表

行为表现	对照前文描述及自己的实际感受逐条列出
	例：在领导布置工作前，我通常懒得行动。
	1.
	2.
	3.
	4.
	5.
主要原因	根据前文描述及自己的实际情况找出自己冷漠的主要原因
	例：曾经的主动屡次遭到别人的冷遇。
	1.
	2.
	3.
	4.
	5.

我的解决方案

（以下清单由读者根据自己的实际情况填写）

目标	我意向中的理想状态是什么？	
	例：我能积极主动地关心和照顾身边的人。	
	1.	
	2.	
	3.	
	阶段性目标	
	在　　年　　月　　日前，我将达到　　　　状态。	
	在　　年　　月　　日前，我将达到　　　　状态。	
	在　　年　　月　　日前，我将达到　　　　状态。	
	在　　年　　月　　日前，我将达到　　　　状态。	
	在　　年　　月　　日前，我将达到　　　　状态。	
	注：目标期望值不要定得太高，也不要太急。	
利益	实现上述目标将给我带来的利益	
	例：我的人际关系将得到改善，感到更加幸福。	
	1.	
	2.	
	3.	
	4.	
	5.	

第七章 冷漠

续表

认知	我现在对冷漠已有了以下新的认识 例：冷漠是可以战胜的，只要我现在坚持做下去。 1. 2. 3. 4. 5.
行动	我将采取下述系列行动以应对疲劳 1. 立即行动，今天就开始。 2. 学习自我催眠技术，重点掌握1~2种方法即可。10~15天，每天2~3次。 3. 同时根据书中提供的暗示语脚本，结合自己的实际情况，编写属于自己的暗示语脚本以及催眠音乐。 4. 将自己导入自我催眠状态，进入状态后插入针对具体问题的暗示语脚本，着手解决自己的问题。 5. 选择其他应对冷漠的方法。 6. 阶段性目标达成后予以自我奖励。 7. 一个疗程结束后通过自我感受与量表测评确认治疗效果。

应对冷漠的催眠暗示语脚本

（1）道德冷漠

道德冷漠是指对道德的冷淡与不关心。在面对道德问题时没有反应，意识不到道德问题的存在，体会不到道德的召唤。如面对他人的痛苦，没有行动，甚至没有同情。道德冷漠和道德情感密切相关，在应对道德冷漠的过程中应着重强调道德情感的体验和培养。

参 考 脚 本

我进入了愉悦的自我催眠状态，身体和心灵都感到无比的放松，身体似乎轻盈得快要漂浮起来了。一切的束缚在此刻都要瓦解了。放松脸部的肌肉，眉头舒展了，平时紧紧咬合的下腭也松懈下来……慢慢地，脸部的肌肉变得松软起来。我感到非常的轻松和愉悦，好的，就在此刻，摘下生活中理性、冷漠的面具吧。

往事像微风一样拂面而来，额头感觉很清凉，头脑很平静、很清醒。眼前出现了一幅幅缓缓打开的画卷，那是童年的我帮助别人的场景。谨遵父母和老师教诲的我曾积攒过点点滴滴的好人好事，乐于助人、拾金不昧、见义勇为（可根据自己的实际情况具体地进行暗示）……我清晰地看到了，接受我的帮助的人们的笑容，父母和老师的夸赞又一次在耳边响起，此刻内心被快乐填得满满的，仿佛为这美丽的春天增添了一抹颜色、

第七章 冷漠

一阵暖风。嘴角微微扬起，不妨舒心一笑吧。

在以后的生活中，我想要更多地去体验这种简单、实在的快乐，并将这种快乐传递给他人。见到家人、邻居时先笑着打招呼；见到别人有困难也可以询问和提供帮助；路见不平时，听听心中小小的义愤。如同童年时一样，我是友好的、热心的、正义的，帮助别人让我感到温暖和快乐。当我这么做时，这种温暖和快乐也会像接力棒一样被传递下去。

贝克认知疗法认为，人的许多判断、推理和思维显得是模糊、跳跃的，很像一些自动化的反应，即"自动化思维"。而思维中一些错误观念也因个体不加注意而忽略了，并形成了固定的思维习惯而被保存下来，使个体自身对这些错误的认知观念不能加以反省和判断。这些错误的认知观念在某种生活实践中会被激活，产生大量的"负性自动想法"。而这样的想法会导致抑郁、焦虑、冷漠等不良情绪。我们要学会如何检查这些自动化思维，纠正其中的负性自动想法。

参考脚本

此刻我正体验着前所未有的放松和愉悦，往日里紧绷的神经也得到了休息，我可以自由地从脑海中搜寻自己想要的念头。我承认自己在很长一段时间里表现得有点冷漠，而这也困扰了我良久，现在我打算自我探索一下，冷漠的心态从何而来？从此以后我将会纠正这种不良的心态。

— 自我催眠术：心理亚健康解决方案（第2版）—

脑海中浮现出了自己冷漠的面孔，一次又一次，是对邻居的视而不见，是对行乞者的拂袖而去，是对不道德行为的冷眼旁观……用此刻无比放松的、毫无戒备的心灵去感受，我不喜欢这副冰冷的脸孔，也不喜欢这种冰封的内心感受。放松的大脑将告诉我改变这种情形的答案，耐心地寻思和等候，答案必将出现……

邻居迎面而来，我在想对方或许压根不愿意搭理我，莫名其妙地打个招呼还会让人家觉得怪异；报纸上曝光了行乞者的几大常见骗术，读完以后一律将行乞者视作骗子；又一位被救者的家属赖上仗义救人的好市民了，我才不会成为那样的傻瓜……

在平静而愉悦的自我催眠状态下，我发现了自己冷漠心态的源头——这些被我任意推断、过分概括的"负性自动想法"。邻居也许和我一样，渴望一个热情的招呼，我只要主动伸出橄榄枝，说不定就多了一位棋友；世上再多一些我这样的家伙，这位行乞者也许再也无法生存下去了；目击车祸，及时拨打救助电话能让伤者及时得到救助，毕竟人命关天。了解真相的家属不会讹诈。如果对方真的出于难处而为难我，我也可以用科学的、法律的手段予以解决……

这些温暖、积极的想法仿佛火把那样，消融了那些负性的想法，也融化了冰冷的脸孔和冰封的内心。我感到内心涌动着一股暖流，澎湃不已。我喜欢这种感受，并将用这种新的心态去拥抱明天的生活。

（2）职业冷漠

　　一个糟糕的职业选择会造成某些严重的情绪后果。首先是不满和不平，其次是挫败和重压，而后是沮丧和习得性无助，最终你也许将会变得麻木冷漠。而长期从事一份职业，在一个一成不变、充满高压的工作环境中，你也可能会患上"职业冷漠"。

专栏38　一旦医者无仁心

　　南京儿童医院一名患儿住院期间病情异常，家长多次恳求医生观察，医生却敷衍塞责，最终导致患儿死亡。事后，患者家属投诉医生在值班时玩"偷菜"游戏，经证实是下了两盘围棋。为此，这名医生被吊销了医师执业证书，丢了饭碗。其实，无论是"偷菜"，还是下棋，本身并不重要。值得深思的是，一个生命的呼唤，为何竟然打动不了一名"棋手"的心？这不禁让人想起网上的那句名言："哥偷的不是菜，是寂寞。"套用此语，"医生下的不是棋，是冷漠。"

参 考 脚 本

　　（以教师为例）眼前浮现的是孩子们红扑扑的笑脸，耳边响起了孩子们银铃般的欢笑声……自我催眠状态下的我感到很放松，很温暖，与孩子们的距离一下子拉近了，他们的面容、声音也越来越清晰——听讲新知识时，好奇、渴望的小表情；

自我催眠术：心理亚健康解决方案（第2版）

"十万个为什么"得到解答后，立刻舒展的小眉头；接受表扬时，羞涩的微笑……

这些成长的点滴、幸福的时刻我怎么能视而不见呢？我不得不承认多年的工作经历让我变得有些习以为常、有些冷漠了。此刻，放松的大脑能帮我找到其中的原因，我只需用心去感受，去探索……一届又一届的孩子升学、毕业，离我而去了，我似乎习惯了，更加关注的是升学率和期末考试的平均分、排名、奖金。学生闹矛盾、起冲突了，我也懒得去问，觉得按照学校规定进行处罚似乎更加简捷、有效。学生对我的尊重和喜爱也不及好的学习成绩有说服力。孩子们该做的就是好好学习，遵守学校规范，少给我调皮捣蛋……

其实，无意中我忽略了每个孩子都是独一无二的，就像我自己的孩子一样，他们有个性、有朝气，正朝着各个不同的方向成长着。作为他们的老师，我可以见证并引导这一过程是何等的幸事啊！升学率、成绩固然是重要的，不管是对自己还是对学生，但这和我关心孩子们不矛盾，还能相互促进。自己短平快的工作作风，抹杀了孩子们的发言权，磨灭了孩子们的个性，身为真理、规范化身的我该感到惭愧。我要学学孩子们，充满朝气、活力，充满创造性，生活得热烈、多彩。

万事开头难。只要我们敢于打破惯性，抛弃惰性和顾虑，行动起来，坚持做下去，原来事情远没有我们设想的那么难。

第七章 冷漠

参考脚本

（以医生为例）我进入了放松而愉悦的自我催眠状态。外界一切的嘈杂声、工作的压力和负担渐渐地离我远去……我越来越沉浸到自己的世界中，宛如一片树叶静静地、缓慢地飘落到了碧绿的湖心。

我体验到了久违的愉悦，这和平日里面具之后的冷漠很不一样。我仿佛回到了刚刚入职的那一天，实习转正的那一刻……自己曾默默宣誓自此以后苦练医术，救死扶伤；第一次手术时的忐忑、谨慎；第一次眼见病人的离世，跟着家属一起伤心；第一次见证生命诞生，跟着新父母一起欢呼；电话24小时开机，为了病患随时待命……（具体内容可根据自己的实际情况进行修改）

我知道自我催眠能够帮助我纠正职业冷漠，一定可以的，只要我立刻行动起来。我可以给自己安排一个小小的计划表，一步一步，逐渐地改变现在的情况。在接下来的一周里，我将更加热心、具体地给前来咨询的病人提供帮助；第二周里，巡视病房的过程中，我将微笑着和每一个病人打招呼；第三周里，在治疗的过程中，我将宽慰饱受煎熬的病患和家属，减少他们不必要的担忧和焦虑……

这是治疗职业冷漠的良药，病患的健康和舒心是我最大的欣慰和满足，我知道自己一直是这么认为的。自我催眠能帮助我坚持下去，一定会的，用我的行动打破冷漠的坚冰。

选择是自由的，选择后对应的结果是需要我们勇敢地去承担的。如果我们无法改变职业，至少可以改变自己的状态，斩断职业冷漠的后路。

参考脚本

职场中总是充满着高压和白热化的竞争，这压力和竞争让人无处可逃，冷漠勉强成了防备的面具。但是，在自我催眠中这种感受一扫而光，我的内心很平静，很轻松。全身的肌肉也得到了极大的舒展和放松。这种感觉就像是泡着热水澡一样。我要记住这一感觉，下次当我感到疲惫不堪、冷漠侵袭时，我便会想一想泡热水澡时的情形，重新体验这种放松而愉悦的感觉。

（3）性冷漠

有人调查受过良好教育而身体健康的夫妇中，16%的男性和35%的女性有性冷漠症。而心理原因是导致性功能障碍的最重要原因。压抑性行为，对性生活持否定排斥态度的时候必然会产生性欲减退。

中国女性由于自小受传统道德教育的影响，认为"女人不能主动提出性要求，否则就是淫荡"，"夫妻生活中应是男方主动要求性交，女方被动配合"，"性交是一种无耻行为"等，即使有性欲也不敢明确表达出来，而长期压抑性欲就可能演变成性冷漠。

— 第七章 冷漠 —

参考脚本

　　自我催眠让我感到很放松，一切的焦虑、紧张都随着呼吸被排出体外了。我尝试着重新去体验和丈夫亲热前焦虑、紧张和厌恶的感觉，是这些感觉令我无法享受性生活的快乐，甚至感到性是一种负担和痛苦的体验……

　　现在重新回到自我催眠带来的愉悦而放松的体验中。想象有一股温暖、放松的感觉从我的脚趾传递到我的脚上，沿着身体慢慢往上移动。这股温暖的能量进入了我的大腿、臀部、背部和胸部……进入了我的手臂和脖子……现在差不多已经到达了我的头脑……身体的每一块肌肉都完全放松了，越来越深的放松状态……

　　孔子曾说过"食色，性也"。性就如同吃饭一样，是人的天性，也是一个重要的、正当的需要。当我有性方面的需求时，完全没有必要感到难堪和不安。我知道自己受传统的道德教育影响颇深，但自我催眠能够帮助我打开心扉，用开放的态度来慢慢接受新思想、新观念。我和丈夫很相爱，性也是表达和巩固爱的一种方式，是很美妙的。每次做爱时，我能感受到丈夫的细致、温柔的抚摸，炽热、专注的眼神，投入的亲吻，激动的节奏……他是在努力给我制造愉快的体验。我能够感受得到，就如同感受阳光、雨露一样自然、细腻、真切、愉悦……我感到很放松，敞开心扉去体验，去享受。我能更好地发挥，更好地表达对丈夫的爱，能和丈夫一起去享受这美妙的性爱过程。

伦敦大学性心理学者彼特拉－博因顿说,"压力和疲劳是性激情的最大杀手！一个人没有时间和精力享受性生活,这将意味着他没有时间和精力享受美好的人生！"

社会越是发达,人所承受的压力也就越多。工作太忙,身体太疲劳,回到家时夫妻双方都已筋疲力尽,生活的忙碌"侵入"卧室之中,性生活也就自然而然地被忽视了。

参 考 脚 本

额头……下巴……颈椎……肩膀……双臂、双手……腰、臀部……双腿、双脚……从上到下,都依次得到了放松……压力和紧张如同水流一样从我的指尖滑落……此刻的我就像躺在一张大大的、柔软的水床上一样,舒服又惬意……

一段时间以来,由于我的工作过于忙碌,回到家时已是心力交瘁,对谁都不愿多加理睬,以致我冷落了妻子。事业固然很重要,妻子也是这么认为的,但我的冷淡或许会伤害到长期支持着我的贤内助。我要更好地安排好事业与家庭生活的关系。工作时,我将努力提高工作效率,在保证工作质量的前提下压缩工作时间。下班后,不把疲劳、压力和不好的情绪带回家,自我催眠能够帮助我做到这一点,给我彻底的放松和愉悦的心情。

我仿佛回到了和妻子热恋时的情景,那段冲动又热情的时光非常快乐……现在想起依然能够感受到那份悸动,让我心驰

― 第七章 冷漠 ―

神往……今晚我将更加专注地欣赏妻子,欣赏她的美丽与风韵,这将是一次熟悉而又新鲜的体验。自我催眠让我恢复了精力和体力,我将表现得更好,我将和妻子一起体验那令人激荡的感受。

其他应对冷漠的方法

▲ "狗医生"能治人的冷漠。动物治疗自古已有,如对自闭症儿童等有独特的疗效,这也是世界医学界早就公认的常识。狗很通人性也很有灵性,与它们为伴能为你带来快乐和温馨,带来心灵的慰藉,同时也会重建和恢复你对他人的热情和关怀。据亚洲动物基金工作人员介绍,广州迄今已有44只慰藉人类心灵的"狗医生"。"狗医生"一个月"出诊"五六次,定期探访多家老人院、残疾儿童康复中心和自闭症儿童学校,给老人和病童带来欢乐。

▲ 加入"抱抱团"(Free Hugs),给陌生人一个免费的拥抱。在现代都市的令人窒息的冷漠中,制造一些温暖的气息来唤醒人们内心的麻木,驱走寒冷。无论是抱抱团的活动者或是被拥抱的路人,都在那一刹那的拥抱中,感到了慰藉和温暖。

▲ 多交流。交流不仅能使人克服冷漠,还能使人攻克一切情感障碍,愿君多用之,此方最见效。

▲ 接触大自然。冷漠感袭来时,不妨骑上自行车到郊外转一圈,呼吸一下新鲜的空气,让它消除心中的麻木、淡漠。

▲ 欣赏艺术。无论是音乐文学还是美术，都蕴含着创作者的激情和魅力，如果你爱上了这些无生命的东西，难道不会对所有活生生的精灵充满爱心？

▲ 到生活中去感受"热心"的暖流。书画家为拯救灾民的义卖书画活动、社会各界为"希望工程"的捐助活动、为美化校园、每人献上一盆花的活动……让这些暖流温暖你，同化你。

▲ 强化你的热心行为。当你打算把自己的旧书捐给贫困地区的孩子们，当你扶起倒在地上的自行车，当孩子为口渴的家人递上一杯茶……当自己出现这些热心行为的时候，记得及时地给予自己表扬、鼓励。这样，在强化自己热心行为的同时，也抑制了"冷漠"心态的生长。

专栏39　为性冷漠支招

塞拉，今年刚满30岁，是名股票经纪人。丈夫希地尼30岁出头，是一名律师。近来他俩发觉双方都对性生活失去了兴趣。这对夫妇并非另有所爱，于是双双去找心理医生科尔。

科尔请他俩讲述了每天的生活。原来夫妻俩均有事业心，物质生活也很富裕，每天工作11~12个小时，日常琐事要打理，还要抽点时间健身，连周末都如此这般没法休息，性生活也自然由于没有时间而被忽略了。

科尔对他俩说：夫妻性爱生活是非常脆弱的，需要小心呵护培养。全神贯注于事业的人往往会对此忽视。现在不少人对新汽车精心护理却对性爱淡漠，其结果是汽车常新，而性爱却残破。也有不少人为金钱奔波操劳,把性爱放在解决纷杂事务之后,这样便产生了麻烦,这正如一个人要用两只手接住从空中抛下的珍贵物品,有心接住的一定首先是功名、别墅等,却让爱情掉在了地上。

科尔医生给塞拉夫妇开的第一个处方是:无论如何,每周要休息一天,不工作,不做家务,也不被其他任何事干扰,这一天只属于你们两人。

一周后,塞拉夫妇再来找科尔医生,称他们"度过了一个愉快的周末"。科尔听完后连连称好,接着便这样说:长期紧张后,血液中性荷尔蒙降低了,因此需要一周乃至数周身心的调理和调整,逐渐减轻精神压力,同时予以必要的医学辅导等,这样才可能解决问题。

于是,科尔医生又给他俩开了第二个处方:每周仍然休息一天,收听一些浪漫的古典风格的小夜曲,在这样的氛围中俩人双目对视,显露出彼此的美感,从而激唤起性的欲望……

三个月后,塞拉夫妇送来了一大束鲜花给了科尔医生,两人喜形于色并异口同声地说:"遵照您的指导嘱咐,我俩的问题解决啦!"

专栏40 抱抱团的由来

美国人贾森·亨特是"抱抱活动"的最早发起者。受母亲生前助人为乐的故事感召,也渴望以他人温暖的拥抱克服丧母的悲痛,希望以拥抱驱走人间的寒冷,他背着写有"真情拥抱"的牌子走上街头。第一个与他拥抱的是个年轻的小姐。姑娘在经过时,无意中看到牌子上的字,然后微笑着张开双臂拥抱了亨特。那一刻，亨特无比温暖，想到去世的母亲，心中感到无限安慰。他对姑娘充满感激，并决定将这个活动继续推广下去，让更多的人体会幸福的感觉。

....

▲ 训练你的"同理心"。所谓同理心，是指能站在他人的立场上，从他人的角度去思考问题，去体验情感。例如，可以经常问自己"假如我是……"，进行换位思考，理解、体验假想角色的内心感受，改变原来的冷漠态度。

第七章 冷漠

放松小贴士

7.1 腹部放松（一）

放松腹部：
（一）收腹
- 用力向内收腹，并保持这个紧张姿势2~4秒钟。
- 然后突然放松，松开紧张。
- 感受2分钟。常常在胃或肠子里会产生咕噜咕噜或拍击的声音，这是完全正常的。
- 重复这个练习。

紧紧收腹 肚子大概死太 挤3,04起来!

7.2 腹部放松（二）

（二）隆起腹部
- 用足力气，向上隆起腹部，并保持这个紧张姿势2~4秒钟。
- 突然放松。把感觉集中到体内的反应上。这时，肠内也可能发出声音。这表明您已经放松了。
- 重复一遍这个练习。

把吸进来的气都放在腹部。

第八章　怯场

简述怯场

怯场——

> 一种常见的临场应激障碍。
> 一种与特定情境相联系的特殊反应。
> 一种源于紧张、恐惧的心理失调，但与一般性的紧张又有区别。

第八章 怯场

怯场与紧张的区别

	一般性紧张	怯场
对象	几乎人人都有	只有少部分人才会出现
程度	适度	严重影响正常发挥
范围	范围较广泛，经常出现	特定情境下（如考试、比赛等）才出现
后果	紧张、压力是激发潜能的有利因素。适度的紧张通常比完全处于松弛状态更能使注意力高度集中，活跃思维，提高回忆效果，使动作灵敏，从而使人发挥出在松懈状态下难以发挥的水平，即临场适度紧张，能充分调动全身力量，从而产生增力作用。	怯场时，因为精神过度紧张，大脑皮层相关部分的正常活动必定会受到干扰，以致降低思维、记忆和动作效能，而且也会减弱自身的抑制功能，降低中枢神经的调节和控制力量，使植物神经系统产生混乱而出现一系列诸如面色变白、手脚冒汗、心悸胸闷等生理症状，导致临场失败。

专栏 41 克拉克现象

罗·克拉克是20世纪60年代世界著名的澳大利亚长跑选手，从1963年至1968年曾17次打破世界纪录，被称为田径场上的奇才。然而，正是这位出类拔萃的优秀运动员，在参加的两届奥运会上（1964年、1968年）均未登上冠军的宝座，仅获得过一枚铜牌。并且，在两届奥运会当年他的最高成绩都大大超过了奥运会冠军的成绩。因此，克拉克被人们称为"伟大的失败者"。"克拉克现象"则是指平时训练水平高、成绩好的运动员在比赛场上屡屡失常的现象。

常见的有考试怯场、面试怯场、演讲怯场、比赛怯场、表演怯场、社交怯场等。

专栏42　考试怯场面面观

"我在平时都是复习得好好的，可一进考场就头晕目眩，心跳加快，原来记得滚瓜烂熟的东西竟溜得无影无踪了。但等我一离开考场，这些刚才怎么都想不出的内容却又毫不费劲地回忆得一清二楚了。"

"考试时一拿到试卷，我的手就情不自禁地发抖，字都难写好，背过的东西忘得差不多了，那些容易的题目也会把我卡住。一般过十分钟左右，这种情况才会逐渐消失，才能静下心来答题。"

"当考试临近时，我就开始紧张起来，心里头总是有点怕怕的。所以在复习看书时容易走神，思维呆滞，看不进东西，对一些已经复习好了的内容极易遗忘。身心感到疲惫，爱（或想）发脾气，生理规律有时失控，如尿频、打冷战等。很令自己苦恼和害怕。"

怯场给我们带来了什么

生理上可能出现面红耳赤、心跳加速、手心出汗、肠胃不适、头晕恶心、全身无力或发抖甚至昏倒等症状。

行为上可能出现呼吸急促、手足无措、尿频尿急、表情僵硬、说话结巴、音调怪异，甚至抓耳挠腮等表现。

精神高度紧张、恐惧，心烦意乱，焦虑急躁或无精打采。

注意力难以集中，心猿意马。

第八章 怯场

记忆受阻，知识重现困难，大脑一片空白，本来会的问题不能作答。

感知觉混乱，感受性降低，视听发生困难，甚至产生错觉。

思维迟钝、混乱，无法从容进行思考，不能正常进行分析、归纳、判断、推理和论证。

行为紊乱，动作的准确性降低，不连贯、节奏感差，即使是熟练的动作也会出错。

严重者有发生暂时性失忆的可能，即完全回忆不起某个特定情境。

影响正常能力发挥，导致考试、面试、演讲、比赛、表演失败。

专栏43 狮子的恐惧

某一天，在古罗马斗兽场，一名基督徒被扔向一头狮子。看到狮子跑过去，弯下身，准备吃掉这个人，斗兽场内的人群欢呼起来。正当人们预想的结果将要临近时，这名基督徒对狮子低声说了几句什么，狮子突然惊慌而逃。国王满怀敬意地问他是怎么创造奇迹的，他说："这很容易，我告诉狮子，用完餐后，它必须为大家说几句。"

引发怯场的种种原因

"第一次"的陌生体验可能引发怯场,如第一次登台表演、第一次参加比赛、第一次参加高考等。

对活动结果的过分在意导致思想负担过重,引发怯场。

情绪过分紧张焦虑也会引发怯场。

亲人、师长过分施加压力会导致临场怯场。

临场前准备工作不充分。

缺乏自信,自卑情结严重,容易引发怯场。

临场前大脑过度疲劳是造成怯场的重要原因之一。

有领导、专家或其他有声望、意义特殊的人在场,易导致怯场。

前一位对手或表演者表现太好,自己因压力大而怯场。

过高估计对手、观众、听众的水平,害怕反应不佳而怯场。

与以往的某一失败经验的情境相似的特殊情境易引发怯场表现。

个性内向拘谨,心理素质、应变能力差的人,遇到应激情境就容易怯场。

面对不熟悉的环境、人群,把握和控制周围环境的能力和信心就会降低,因紧张焦虑、畏惧等情绪而导致怯场。

担心自我形象会遭到破坏,怕出丑、丢脸、没面子而怯场。

不断在脑子里重复临场可能出现的失败情境,因"预先恐怖"而造成预想中的怯场后果。

环境的气氛也会对个体的临场心理产生影响，如果气氛紧张压抑，就容易怯场。

特定情境下遭遇外界干扰会加强临场压力，使情绪更加紧张，促成怯场。

……

测查怯场程度

怯场往往带有明显的情境性，有的人对考试怯场，有的人对表演怯场，但其情绪和行为表现大致相同。下文列出的是演讲情境下的演说者信心自评量问卷，供读者参考。

演说者信心自评量问卷（PRCS）

指导语：本表中含有 30 个描述有关你在演说时对自己感觉的条目。每一条目后都有"是"及"否"供选择。

根据你最近演说时的感觉，请试着选择"是"或"否"，并在相应的字上画圈。请记住在此的所有信息都会被保密的。尽可能快地选择答案，不要在任何一条上花太多的时间。我们需要你对这份问卷的第一印象。从现在起，尽快回答每道题。

1. 我盼望着在大众面前演讲的机会。　　　（是　　否）
2. 在拿讲台上放的东西时，我的手在颤抖。（是　　否）
3. 我老是害怕忘记我的演讲内容。　　　　（是　　否）
4. 当我对听众演讲时，他们似乎挺友好。　（是　　否）

5. 在准备演讲时,我一直处于焦虑状态。 (是 否)

6. 在演讲结尾时,我感到一种愉快的体验。 (是 否)

7. 我不喜欢用身体及声音来进行表达。 (是 否)

8. 当我在听众面前说话时,我的思维开始混乱及不连贯。

(是 否)

9. 我不怕面对听众。 (是 否)

10. 尽管在站起来之前我感到紧张不安,但很快我就忘记了害怕并喜欢上台演讲。 (是 否)

11. 我期望我在演讲时能充满信心。 (是 否)

12. 在我演讲时,我感觉自己全身心投入。 (是 否)

13. 我喜欢在讲台上放上笔记本,以防万一我忘记了演说词。

(是 否)

14. 我喜欢在演讲时观察听众的反应。 (是 否)

15. 尽管在与朋友们交谈时我言语流畅,上台讲演时我却丢三落四。

(是 否)

16. 我在演讲时感到放松及舒适。 (是 否)

17. 尽管我不喜欢在公众面前演讲,但并不对之特别畏惧。

(是 否)

18. 如有可能,我总是尽量避免在公众面前演讲。

(是 否)

19. 我朝我的听众们看过去时,他们的面孔都变得模糊

第八章 怯场

不清。

（是 否）

20. 在我试着对一群人演讲后，我对自己感到厌恶。

（是 否）

21. 我喜欢演讲的准备工作。　　　（是 否）

22. 当我面对听众时，我的脑子是清醒的。（是 否）

23. 我说得相当流畅。　　　　　　（是 否）

24. 就要开始演讲时，我紧张得身体发抖出汗。（是 否）

25. 我觉得我的姿势僵硬不自然。　（是 否）

26. 在人群面前演讲时，我一直感到害怕及紧张。

（是 否）

27. 我发觉，期待下一次演讲有点愉快。（是 否）

28. 对于我来说，很难冷静地找到合适的词句来表达我的思路。

（是 否）

29. 我一想到在人群面前演讲就感到恐惧。（是 否）

30. 面对听众时，我有一种思维敏捷的感觉。（是 否）

评分原则：与下列答案相同的选择即得 1 分。

是：2，3，5，7，8，13，15，18，19，20，24，25，26，28，29

否：1，4，6，9，10，11，12，14，16，17，21，22，23，27，30

作为一个测量当众演说恐惧的量表，PRCS量表显示出很高的信度及效度，被广泛地应用于心理咨询及临床心理学的治疗性研究中，并且被证明它可以灵敏地测量降低当众演说焦虑的实验性治疗的效果。得分范围为 0~30 分。得分越高，焦虑程度越高。

你的得分 _____

你所处的怯场状态 _____

问题清单与解决方案

我的问题清单

怯场程度	演说者信心自评量表结果：
自我感觉	对照前文描述及自己的实际感受逐条列出
	例：我感觉脸红心跳，呼吸困难。
	1.
	2.
	3.
	4.
	5.

第八章 怯场

续表

情绪表现	对照前文描述及自己的实际感受逐条列出
	例：我感觉很紧张、焦虑。
	1.
	2.
	3.
	4.
	5.
行为表现	对照前文描述及自己的实际感受逐条列出
	例：在公众场合，我说话时声音在颤抖。
	1.
	2.
	3.
	4.
	5.
主要原因	根据前文描述及自己的实际情况找出自己怯场的主要原因
	例：第一次登台时表现不佳。
	1.
	2.
	3.
	4.
	5.

我的解决方案

目标	**我意向中的理想状态是什么?**
	例：站在演讲台上，可以自如地表达自己的观点，口齿清晰，表情镇定，肢体协调。
	1.
	2.
	3.
	阶段性目标
	在　　年　　月　　日前，我将达到　　　　　状态。
	在　　年　　月　　日前，我将达到　　　　　状态。
	在　　年　　月　　日前，我将达到　　　　　状态。
	在　　年　　月　　日前，我将达到　　　　　状态。
	在　　年　　月　　日前，我将达到　　　　　状态。
	注：目标期望值不要定得太高，也不要太急。
利益	**实现上述目标将给我带来的利益**
	例：实现上述目标能帮我提升自信。
	1.
	2.
	3.
	4.
	5.

第八章 怯场

续表

认知	**我现在对怯场已有了以下新的认识** 例：怯场并不可怕，但一定要适度，适度紧张才有助于发挥。 1. 2. 3. 4. 5.
行动	**我将采取下述系列行动以应对怯场** 1. 立即行动，今天就开始。 2. 学习自我催眠技术，重点掌握1~2种方法即可。进行10~15天，每天2~3次。 3. 同时根据书中提供的暗示语脚本，结合自己的实际情况，编写属于自己的暗示语脚本以及催眠音乐。 4. 将自己导入自我催眠状态，进入状态后插入针对具体问题的暗示语脚本，着手解决自己的问题。 5. 选择其他应对怯场的方法，以协助怯场问题的解决。 6. 阶段性目标达成后予以自我奖励。 7. 一个疗程结束后通过自我感受与量表测评确认治疗效果。

应对怯场的催眠暗示语脚本

（1）考试怯场

考试怯场最常见于学生身上，尤其是面临中考、高考的学生。一些步入职场的成年人也可能在参加职称考试、技能考核时出现怯场现象。在自我催眠状态下，怯场者可亲身体验即将到来的考试情境，通过自我暗示、脱敏练习等方法进行预先演练，对不合理观念进行纠正，直到对考试情境不再紧张、怯场为止。

参 考 脚 本

现在，我已经完全进入彻底放松的自我催眠状态了……我感觉自己像躺在云彩上飘浮，四周环绕着柔和的光线，面颊上有清凉的微风拂过……我露出婴儿般的微笑，渐渐地思绪越飘越远……

忽然，我的头脑中出现了"考试"这个词语，我有点紧张，是的，这是我最近倍感压力最大的原因……的确，它很重要，影响到我的升迁和以后的发展，我应该认真对待……我能够看到我最近的努力，在繁忙的工作之余，我每天看书到深夜，全心投入，我相信，付出努力就一定会有收获，肯定是这样的……至于紧张，有研究证明，80%的学生在听到考试的消息后都会很紧张，我感到紧张也很正常，一点都不奇怪……而且适度地紧张能帮助我集中注意力，活跃思维，会让我发挥得更

— 第八章 怯场 —

好……嗯，我相信自己一定会发挥得更好！

参考脚本

好，现在就让我提前体验一下这次考试的冒险之旅吧……

我看到自己已经坐在了考场里，周围坐满了和我同一行业的同事，两个监考老师站在讲台威严地环视着教室……看到监考老师，我开始心跳加速了，手心冒出细密的汗珠，握笔的右手也紧张得微微颤抖……这个时候，我对自己说，慢慢放松，深呼吸……我深深地吸了一口清凉的空气，然后慢慢地吐气，感觉我的身体渐渐地放松下来，手不再颤抖了，冷汗也渐渐消退……我听到我的心脏有力且有节奏地跳动着，仿佛在不断重复说，我能行，我能行，我能行……

监考老师开始发试卷了，我接过试卷，首先环视教室，周围同事都是一副从容不迫、沉着冷静的神情，现在，我要向他们学习，更从容地面对考试……嗯，我一定能做到，我现在已经可以很冷静地展开试卷浏览题目了……我感到我的思维异常活跃，记忆清晰，所有复习过的知识都在我脑海中有条理地一一呈现，这让我信心倍增……

好，现在我开始答题了，我忘记了对考试的恐惧、对考试结果的焦虑，我的注意力高度集中在试题上……我看到我做得很顺利，既自信又冷静……终于，交卷的铃声响了，我面带微笑，将试卷交与监考老师，走出考场，我的心情非常轻松，对考试结果充满信心……这种感觉非常好，让我再重新体验一遍……首先，我从容镇定地参加了考试，考试结束后，我对考试结果充满信心，没有焦虑，没有恐惧，我感觉很轻松……

现在，我仿佛对即将到来的考试没有那样紧张了……不久之后，当我走进考场的时候，我会重新回忆起现在的感觉。我从容又自信，头脑清晰，精力充沛，是的，我一定会在考试中发挥出最好的水平，顺利通过考试……一定是这样的……

（2）演讲怯场

20世纪80年代，美国的心理学家做过一项有趣的调查，题目是："你最害怕的是什么？"调查结果让大家大吃一惊：排在第一位的居然是"当众演讲"。人们害怕公开演讲甚至超过了对"死亡"的恐惧，甚至如亚伯拉罕·林肯、马克·吐温等名人也不能幸免。

美国演讲学家查尔斯·格鲁提出，人们之所以会产生窘迫不安的怯场心理，是担心自己理性的、社会的、性别的、职业的那部分自我形象在公众演讲、演出时遭到破坏。他将这一理论称为"自我形象威胁论"。通俗地讲，其实就是人们担心在台上会出丑或丢脸。

在自我催眠状态下调整人们对自我形象的认知，也可有效预防怯场。

参 考 脚 本

越过意识的边界，我已经进入了潜意识开放的自我催眠状

第八章 怯场

态,我的心情既轻松又愉快,内心一片宁静……

在这久违的愉快中,我要重新认识最近生活中的烦恼和压力,看看是不是真的那样沉重和扰人……

公开演讲对我来说确实是一项挑战,我感到紧张焦虑也是可以理解的,很多世界第一流的演讲家在上台前还会紧张呢,玛丽莲·梦露都有过怯场的经历,更何况我这样一个默默无闻的小人物……

我知道自己为什么会这样紧张,我怕失败,怕丢脸,更怕别人在背后议论我窘迫的表现。说到这,网上不是流行一句话么?"别活得那么累,你没那么多观众"。是这样的,除了我自己,没有谁会这样关注我,我只要放轻松就可以了……

哪怕我出了一点小差错,对观众来说也只是一件很小的事情,因此,我根本不必太在意……

反过来想,能勇敢地站在演讲台上,我就应该给自己鼓掌了。别人会佩服我的勇气,就算失败了,也没什么好丢脸的,至少我努力尝试过……

我看到我自信地站在演讲台上,口齿伶俐,情感充沛……

我看到我的父母、挚友都在台下微笑为我鼓掌,以我为荣,没有人笑话我……

我看到我正一点一点克服站在台上的紧张感,肢体动作更加协调,神情自如……

我开始享受站在台上的感觉,甚至期待这次演讲的到来,我将它视作一次展示,一次挑战,无论成败,我都为自己骄傲……

（3）表演怯场

上一主题中提到的"自我形象威胁论"同样是导致表演怯场的原因之一。除此之外，以往在台上的失败经验会影响之后的发挥，使人对舞台充满恐惧。精神分析大师弗洛伊德还认为，幼年的痛苦失败经验经常会被压抑到潜意识中，影响成年后的表现。而这些不愉快的经验只有深入潜意识状态才能得以修正。因此借鉴精神分析疗法，在自我催眠状态下发现、领悟和克服隐藏的心理症结，可以引导自己学会面对现实，以更成熟、有效的方式应对情境。

专栏44 梦露也怯场过

尽人皆知的世界级影星梦露，令亿万观众如痴如醉。这不仅是由于她有倾城倾国之色，还因为她的表演真切、自然、潇洒。然而，鲜为人知的是，在她成名前的几年，她有好几次参加电影拍摄的机会，但她却发挥不好。每当她开始念台词，或面对摄影机的时候，她就感到恐惧，浑身发抖，无法自然地说出台词和做出动作。梦露很具魅力，又有很好的表演素质。但是，任何一位导演都无法让这位怯场的演员好好地演出。

后来，一位医生把梦露介绍到催眠师那里。这是一位富有经验的催眠师，他认为这种怯场的表现是由于缺乏自信和自卑感严重。很可能是与小时候在学校演话剧时，或参加联欢会表

— 第八章 怯场 —

演时忘了台词或怯场的经验有关。经分析，梦露的情况果真与之相类似。于是，催眠师对她进行了催眠治疗。经过 8 次治疗以后，梦露的怯场表现消失殆尽，后来在一部影片中担任重要角色，一举成名。

参考脚本

熟悉的舞台上灯光亮起，炫彩夺目，十分美丽，然而我却对它感到万分恐惧。这种情绪是从什么时候开始的呢？我开始慢慢回想……

我记起了小时候参加的一次话剧演出，那是我第一次演主角，我太紧张了，从上台前一个月就开始紧张，结果，我失败了，站在台上头脑一片空白，搞砸了那场演出……从那之后，我对上台表演就有了恐惧感，直到我成年了，依然摆脱不了怯场的噩梦……

现在，潜意识的大门已经打开，我已经成年，应该用成年的观念和标准去理解儿时的那场失败经历，而不是像个孩子一样幼稚地逃避……

我应该将它看做是一次提醒，提醒我上台前要调整心态，做好充分的准备，而我，也正是这样去做的……儿时的我还不成熟，相信成年后的我更有能力去展示自己，在舞台上拿出最好的表现，摆脱儿时的阴影……嗯，一定是这样的……

现在，我又重新站在了美丽的舞台上，身着精美的服装，忘记了过去失败的经验，深深地融入了表演中……我看到台下观众们看得如痴如醉，对我报以经久不息的掌声……

我感到对自己重新有了信心，我相信明天的舞台上，我一定会像现在这样全情投入，享受表演的快乐……是的，我一定会成功……

（4）社交怯场

社交怯场的怯场对象可以是特定的人或人群（如异性），甚至可以是除了特别熟悉的亲友以外的所有的人。患有社交怯场的人会极力避免人际交往，如不得不进行社交，便会脸红、出汗、语无伦次，出现怯场反应。他们羡慕那些在社交场合应对自如的人，自己却想尽办法也无法克服对社交的恐惧。在自我催眠状态下，人们可以观察和模仿他人的社交行为，以使自己形成相应的行为，这种方法即行为疗法中的示范疗法。

参 考 脚 本

现在，我已经完全进入了轻松愉快的自我催眠状态，卸下了平时的紧张和焦虑，我感到又自在又开心……在这美好的气氛里，我将更有勇气面对自己的问题……是的，我要学习怎样更好地跟异性进行交往，像××一样……

我想象自己跟随××一起走进电梯，电梯里有一位我们熟悉的女同事……这时，我看到××微笑着向女同事点头问好，同事也报以微笑回应，一时间，电梯里气氛变得很融洽……接

— 第八章 怯场 —

着，××自然地与女同事聊起了昨天看到的一则新闻，我观察到他的表情丰富放松，神采飞扬，手臂随着讲述做着动作，偶尔夸张地摆动两下，引来女同事一阵笑声……不一会儿，电梯门打开了，两个人一起走出电梯，笑着摆手离开，空气里还残留着刚才愉快的气氛……

好，下面该轮到我自己了……想象着刚才的轻松愉快，和××一样，我走进了电梯，还是同一个女同事，在电梯里微笑望着我……和以往一样，我一定脸红了，手心沁出汗珠……这时，我告诉自己要深呼吸，然后回想××刚才的动作，是的，他向女同事微笑问好了……我努力地平心静气，学××一样对女同事微笑着点点头，说"早上好"，我的声音可能有点颤抖，但是没关系，我已经做得很好了，看，这位女同事也同样微笑着对我点头了……继续努力，我会做得更好……

我的汗水已经湿透了后背，但是我顾不上，我在思考接下来的话题……忽然我想到了最近发生的一件趣事，我回忆着××说话的表情，略带夸张地向女同事开始讲述……对，我的表情要放松，还要再丰富一点……还有，我可以边说边打手势，模仿一下事情发生时的场景……我勇敢地看着同事的眼睛，她的眼神很亲切很和善，仿佛在鼓励我继续说下去……随着讲述，我感到我的肩膀渐渐放松下来，我的心跳也逐渐恢复正常了……原来，跟女性交往并没有我想象的那样可怕……明天，当我去上班的时候，我会像××一样，主动地跟女同事打招呼聊天，我会像现在一样轻松自如……是的，一定会这样的……

181

其他应对怯场的方法

▲ 深呼吸。采用这种方法可以消除杂念和干扰。

▲ 静坐几分钟。

▲ 转移注意法。可以休息片刻或者活动一下四肢、头部,使怯场状态得到缓解。

▲ 语言调节法,即自我暗示。可以通过简单、具体,带有肯定性的言语调节自己,比如"我一定能考好!""我有信心!"提醒自己不必紧张,对自己要抱有信心。

▲ 运动能缓解人的焦虑,避免怯场。

▲ 保持微笑30秒钟。微笑的魅力就在于不仅使自己的压力减缓,并且让对方的心情更加愉悦。

▲ 放慢说话速度。

▲ 漫画消遣法。可翻翻夸张、逗趣的一些漫画作品,促使心情开朗、情绪高涨,重新占据优越感,恢复自信心。

— 第八章 怯场 —

放松小贴士

8.1 手臂放松

放松双臂：
- 双手握拳，再把双拳拉向上臂，同时绷紧你的上臂肌肉2~4秒钟。
- 然后，让双臂落到垫于上。
- 用2分钟的时间感受一下双臂的感觉。
- 重复一遍这个练习。

握拳！ 松开！ 落下！！！

第九章 焦虑

简述焦虑

焦虑——

> 对前景不确定性的担忧。

> 焦虑与害怕不是一回事。害怕是对一种特定的危险所产生的反应；焦虑则是对非特定的危险所产生的不确定、不安全感。

> 正常的焦虑、适度的焦虑可以唤起警觉、激发斗志，可以避免危险或提高成功的概率。

> 焦虑负面影响不仅是焦虑本身，而且是由焦虑滋生出来的错误观念所导致的其他结果。

第九章 焦虑

专栏 45　谁更难受？

心理学家在一次实验中把被试者分为 A、B 两个组，首先告诉 A 组的被试者，在实验过程中将听到 100 次节拍器的声音，在听到这 100 次节拍器声音的过程中，将受到 95 次电击。告诉 B 组的被试者，在实验过程中将听到 100 次节拍器的声音，在听到这 100 次节拍器声音的过程中，将受到 5 次电击。后来，A、B 两组进行调换，即 A 组被试者受到 5 次电击，B 组被试者受到 95 次电击。实验结束后，实验者要求被试者说出自己在实验中的感受，即究竟是受到 95 次电击时更难受，还是受到 5 次电击时更难受。结果可能出乎许多人的意料，大部分被试者认为受到 5 次电击时更难受。原因是：在受到 95 次电击的时候，由于被电击几乎是不可避免的，也就心安理得地去接受它了，但 5 次电击的时候，心理上却备受煎熬，因为不知道随着下一次节拍器的声音的到来，是将受到电击呢，还是不会被电击？简言之，前景的不确定性使之处于高度的焦虑状态之中。

焦虑给我们带来了什么

> 正常焦虑

可以使肾上腺素分泌增加、肌肉紧张，全身所有的器官进入"临战"状态。更具活力，提高活动效率。

可使注意力更为集中，增加记忆效果，提高学习效率。

> 病态焦虑

会伤害人们的自尊心，影响人们的身体健康和幸福生活。

出现心悸、心慌、胸闷、全身不适或疼痛。

伴随莫名其妙的恐惧、害怕、紧张和不安。

产生消化不良,导致消化系统紊乱,影响人们的食欲。

伴有忧郁症状,对生活缺乏信心和乐趣。

情绪激动,经常无故地发怒,与人交往困难,社会活动能力下降,出现人际关系障碍。

使人自信不足,特别常见于演讲,长此以往导致工作效率下降。

精神紧张,总是怀疑自己患了某种疾病,整天生活在对死亡的恐惧之中。

产生失眠、早醒、梦魇等睡眠障碍,容易疲劳,活动能力下降。

坐立不安,心神不定,注意力集中困难。

性行为能力减退,性生活不美满,进而影响到正常的夫妻关系。

专栏46　焦虑与癌症

英国《自然》杂志发表的一项研究结果表明,焦虑的确会引发癌症。因为一个传递焦虑信号的JNK分子在其中充当导火索,引发潜在的致癌细胞生长肿瘤,使罹患癌症的概率大幅上升。

流行病学调查显示,焦虑人群中的癌症发病率偏高,但科学家始终未搞清楚"谁在细胞之间传递着致癌信息"这一关键问题。研究小组发现,发生致癌突变的细胞就好像是一个个深埋在体内的地雷,当JNK分子经过这些细胞时,就会将其"引爆",就像多米诺骨牌,一个接一个地不断传递下去,很容易引发不同致癌突变细胞的"共鸣",最终导致肿瘤产生。

研究还表明,JNK焦虑信号分子非常容易产生。人们一旦受伤、感染、焦虑,甚至在过热、过冷等极端环境下,都会诱发机体产生JNK分子。该研究结果提示,人们应该控制焦虑情绪,尽量避开产生焦虑情绪的条件和环境,保持愉悦心情,及时为自己减压,以降低罹患癌症的概率。

引发病态焦虑的种种原因

躯体疾病或者生物功能障碍。如甲状腺亢进、肾上腺肿瘤、低血糖综合征。

药物的作用。如酒精、毒品,长期饮用该类药物会引起躯体和精神上的焦虑。

维生素B的严重缺乏。

大脑中的化学物质不平衡的结果。不过这种机理模式目前在生物学界广受争议。

生活在冲突多、沟通少、家人间过度干涉、问题解决能力差的家庭氛围中,很容易让人产生焦虑。

人际关系不协调。处于不和谐的人际关系状态下的人容易与人发生冲突,攻击性强,容易产生焦虑。

专栏47　当口罩遮住笑脸

墨西哥城的国际机场，两个修女在轻轻交谈；传统的黑白装束依然透着安静，除了口罩略显异样，表面看不到太多的波澜。但年老的嬷嬷在无意识地抠着指甲，两人紧皱的眉头和眼神印证了她们处于焦虑之中。

此刻，这个国度，连平时最平静的那群人，也开始焦虑了。

跟流感同样可怕的，是焦虑和恐惧。

还没有从金融危机的心灵泥潭中挣扎出来的人们，又一次暴露在猪流感带来的威胁中，这是现代社会的人们才会面临的问题。信息的高速传播，让任何时候，任何地方的任何危险，都能让任何人感同身受。人们的心理遭受几许冲击，仿佛总是笼罩在达摩克利斯之剑的阴影之下。

焦虑袭来，笼罩四野。

人口过密，交通堵塞，居住空间日益拥挤，传染性疾病的暴发等社会环境因素都会引起人的焦虑。例如，SARS期间，人人自危，总是担心自己被传染上。

工作压力的增大，导致个体长期处在白热化竞争的气氛中，心理极度紧张甚至苦闷、失望，当这种苦闷超过心理承受能力的时候，就形成焦虑。

个性好强，成就动机高，对人、对己、对事都要求完美的人，容易产生焦虑。

— 第九章 焦虑 —

认知评价的偏误，焦虑的人总是把事情往消极的方面想，这样的思考模式很容易让人陷入焦虑的情绪状态。

有自卑感的人容易焦虑。自卑的人通常因为害怕失败而不敢去尝试新鲜的事物。

自我概念和自我导向之间的不一致。

负面的自我"心像"在作祟。这种自我心像可能源自小时候父母很少夸赞你，要么就是你一失败，他们就有点瞧不起你，骂你或者处罚你。

想做"老好人"的思想。你害怕与他人对抗，害怕愤怒之类的消极情绪。当你感到不安时，就会在他人面前将自己不安的情绪隐藏起来，时间一久，这些消极情绪就会以另一种形式——焦虑，重新浮现。这就是心理学中所说的"情绪隐藏模式"。

....

测查焦虑程度

焦虑自评量表（SAS）

请根据你一周内的情绪体验和实践活动，选择符合自己的状态。

项　目	状态			
	无/偶尔有	有时有	经常有	总是如此
1. 我觉得比平常容易紧张和着急				
2. 我无缘无故感到担心害怕				
3. 我容易心烦意乱或感到恐慌				
4. 我觉得我可能将要发疯				
5. 我手脚发抖打战				
6. 我因头痛、颈痛和背痛而烦恼				
7. 我感到容易衰弱和疲乏				
8. 我觉得心跳很快				
9. 我因阵阵的眩晕而苦恼				
10. 我有阵阵要晕倒的感觉				
11. 我的手脚感到麻木和刺痛				
12. 我因胃痛和消化不良而苦恼				
13. 我常常要小便				
14. 我觉得脸红发热				
15. 我做噩梦				
*1. 我感到事事都很顺利,不会有倒霉的事情发生				
*2. 我觉得心平气和,且容易安静坐着				
*3. 我呼气吸气都不费力				
*4. 我的手常常是温暖而干燥的				
*5. 我容易入睡并且一夜睡得很好				

粗分标准分换算表

粗　分	标准分	粗　分	标准分	粗　分	标准分
20	25	40	50	60	75
21	26	41	51	61	76
22	28	42	53	62	78

第九章 焦虑

续表

粗 分	标准分	粗 分	标准分	粗 分	标准分
23	29	43	54	63	79
24	30	44	55	64	80
25	31	45	56	65	81
26	33	46	58	66	83
27	34	47	59	67	84
28	35	48	60	68	85
29	36	49	61	69	86
30	38	50	63	70	88
31	39	51	64	71	89
32	40	52	65	72	90
33	41	53	66	73	91
34	43	54	68	74	92
35	44	55	69	75	94
36	45	56	70	76	95
37	46	57	71	77	96
38	48	58	73	78	98
39	49	59	74	79	99
				80	100

评定标准：

1~15题选项采用负性词汇陈述，评分依次记为1、2、3、4分；

*1~*5题选项采用正性词汇陈述，为反向评分，即4、3、2、1分；

将各题得分相加得总粗分，然后对照换算表检测自己的焦虑程度。

症状判断：

49 分以下为心理健康

50~59 分为轻度焦虑

60~69 分为中度焦虑

70 分以上为重度焦虑

你的得分＿＿＿＿＿＿＿＿＿＿＿＿＿＿＿

你所处的焦虑状态＿＿＿＿＿＿＿＿＿＿＿＿＿＿＿

问题清单与解决方案

我的问题清单

（以下清单由读者根据自己的实际情况填写）

焦虑程度	焦虑自评量表结果：
自我感觉	对照前文描述及自己的实际感受逐条列出
	例：我感到自己最近比较容易心烦意乱。
	1.
	2.
	3.
	4.
	5.

第九章 焦虑

续表

情绪表现	对照前文描述及自己的实际感受逐条列出
	例：我对工作感到很厌烦。
	1.
	2.
	3.
	4.
	5.
行为表现	对照前文描述及自己的实际感受逐条列出
	例：我的工作效率明显下降，没做多少事便感到心力交瘁。
	1.
	2.
	3.
	4.
	5.
主要原因	根据前文描述及自己的实际情况找出自己焦虑的主要原因
	例：我总是期望一切都能做到最好。
	1.
	2.
	3.
	4.
	5.

我的解决方案

(以下清单由读者根据自己的实际情况填写)

目标	我意向中的理想状态是什么?
	例:精神饱满,情绪稳定,身体健康,工作有效率。
	1.
	2.
	3.
	阶段性目标
	在　　年　　月　　日前,我将达到　　　　状态。
	在　　年　　月　　日前,我将达到　　　　状态。
	在　　年　　月　　日前,我将达到　　　　状态。
	在　　年　　月　　日前,我将达到　　　　状态。
	在　　年　　月　　日前,我将达到　　　　状态。
	注:目标期望值不要定得太高,也不要太急。
利益	实现上述目标将给我带来的利益
	例:我的工作效率会更高,生活由此而带来积极的变化。
	1.
	2.
	3.
	4.
	5.

第九章 焦虑

续表

认知	**我现在对焦虑已有了以下新的认识** 例：焦虑有时候是不必要的，战胜它是完全可能的。 1. 2. 3. 4. 5.
行动	**我将采取下述系列行动以应对焦虑** 1. 立即行动，今天就开始。 2. 学习自我催眠技术，重点掌握1~2种方法即可。进行10~15天，每天2~3次。 3. 同时根据书中提供的暗示语脚本，结合自己的实际情况，编写属于自己的暗示语脚本以及催眠音乐。 4. 将自己导入自我催眠状态，进入状态后插入针对具体问题的暗示语脚本，着手解决自己的问题。 5. 选择其他应对焦虑的方法，以协助焦虑问题的解决。 6. 阶段性目标达成后予以自我奖励。 7. 一个疗程结束后通过自我感受与量表测评确认治疗效果。

应对焦虑的催眠暗示语脚本

（1）性焦虑

儿童期过分严厉的禁欲主义教育；婚前对性交知识一无所知；初次性交不成功而阳痿、早泄的男性；性交疼痛、阴道痉挛的女性；性活动不合法、性交场所不安全、不隐蔽等造成性活动失败的人，往往容易产生性焦虑。性焦虑患者对性行为（甚至只要想到性行为）容易紧张和焦虑不安，有时只要与异性接吻、拥抱或被抚摸也会触发焦虑。

参 考 脚 本

现在，我正在体验自我催眠的美好感觉，我躺在这里舒适……轻轻地呼吸……听着脑海里的声音……我的大脑一片空白……我感觉到自己在宇宙里漂移得更深……

渐渐地，感觉自己的身体和宇宙融为一体，地球在我的怀里就是一颗很小很小的圆珠……不停地转动着，湛蓝色的光泽让我感到温暖……

随着这颗圆珠的不停转动，我的思绪漂移到以前……每次想到性生活，我就很担心、很焦虑。我知道，我曾经有过性挫败经验，就是这次该死的性挫败让我性焦虑，我的生活被焦虑搅得一团糟。我很难再有不自觉的性冲动，每次看到她期待的充满柔情的眼神，我就开始回避她，逃避和性有关的一切事情……我害怕再次失败，让她失望……

第九章 焦虑

其实,我知道,每个人都担心自己的性表现。而且每一个有准备的人都能表现得很好,不是吗?现在我就可以让自己有足够的时间想出很多方法获得性成功……

圆珠不停地转动着,湛蓝色的光泽越来越亮,越来越亮……我越来越放松,越来越自信……我看到了自己曾经成功完成不同的、困难的事情,那些都是自己第一次做的事情……其实,我的生命中充满了成功,当我失败的时候,也是为以后的成功铺垫。现在我已经完全放松了,我意识到,性生活是一种自然功能,每个人都可以自然而然地进行……在性生活中,我也是快乐的、自由的、自信的……我是一个强大的自信的精灵,我可以接受两个人的关系中存在的失败和痛苦……我不会再受过去的伤害,我的性生活也会很愉悦很美满……

以后,每当性焦虑的时候,我就会感觉到自己和宇宙融为一体。我会越来越放松、越来越自信……在性生活中,我会越来越容易享受到做爱的乐趣和刺激,我能够很容易保持长时间的勃起……我能够享受到身体给我带来的乐趣,我身心完全融为一体,不会害怕,不会焦虑……将自己的意识完完全全地集中在这种强烈的愉悦感上……

性焦虑患者通常在性生活中会失去信心,曾经的失败经历会不断地强化他们大脑中的"我不行""我做不到"等负性观念,因此,我们需要在自我催眠中进行自信心恢复训练,打破旧有的消极观念,重塑自信,这样才有可能获得最佳性生活。

参考脚本

现在，我舒适地坐下来，放松自己，进行深呼吸……想象自己处于一个宁静的大森林里。我想象自己穿过林间的小道，周围弥散着清晨的雾气……深深地吸了一口清新的空气，感觉自己心理的能量在膨胀……慢慢地往前踱步，抬头看向在蓝天飞翔的白鸽，我意识到自己可以完成任何事情，包括性生活。

想象自己站在一面镜子前，镜子左边呈现出一个"理想的我"，右边呈现出"现实的我"……慢慢地深呼吸……进一步的放松自己的心情……想想我要成为的那种人，想想他的品质、能力、经济收入、健康、人际关系问题（包括性能力）。专注于自己的目标，对自己说："我可以完成这个目标，因为我有高超的性技巧，不会再受过去失败和伤害的困扰，我完全可以建立获得性愉悦的新途径……我可以让我的性生活更和谐，更美满，我可以打破和爱人之间的坚冰，可以让性之间的界限消失，更加水乳交融，成为我想成为的人。"这时，想象一下一道光线照射在镜子上，镜面的折射让"理想的我"和"现实的我"逐渐地融为一体……慢慢地，理想的我变成了现实的我……深呼吸……对自己说："我很自信，我对自己的生活充满信心和控制力，我可以控制自己的身体和阴茎，我可以让性变得更加美满，每一天，我都能提高自己的自信心，直至最后在性生活中如鱼得水。"……

第九章 焦虑

（2）社交焦虑

社交焦虑是一种对暴露在陌生人面前或在社交或公开场合产生持续、显著的畏惧。以演讲、销售、管理等与人打交道的职业人群或者是具备完美倾向的人容易陷入此类怪圈，主要表现在他们害怕自己在别人面前出洋相，害怕被别人看到，对社交活动有强烈的抵触感。他们在应对社交场景时采取一种警惕——回避的态度，刻意去回避社会交往的场合，如果不得已为之，便会脸红、心悸、出汗或颤抖，甚至举止笨拙、惊慌失措。

参 考 脚 本

（以演讲焦虑为例）现在我处于惬意的状态中，潜意识大门在向我打开……

每次讲话，我都很焦虑，我感觉到大家似乎都在用异样的眼光看着我，这让我很不自在，很紧张。我现在几乎讲不出话来，我害怕我一开口就出错，害怕下面的观众笑话我，害怕自己出洋相，我现在很紧张，很焦虑，很不安……

但是，在这件事情上我的焦虑有用吗？事实证明是没用的，越焦虑，我就越不自信，就越慌张……

我深呼吸几下，吐出心中的焦虑……事实上，现实中的一切好像也不是我想得那么恐怖，我最害怕的情景并没有出现……其实我知道，我焦虑的核心就是我害怕失败。其实，只要稍微回想一下就可发现，许多在别人的眼里很困难的事情,我每次几乎都完成得相当出色……

我知道我的期望和目标是什么。我就是希望自己变得更优秀,我总是以为一个优秀的人是具有演讲家的风格的……但是,成功的人有很多,演讲家又有几个呢?

以后,我每天花些时间写下我焦虑的问题,然后放在一边,这样我就不会整天都闷闷不乐。这样做我会逐渐厌倦自己焦虑……

参 考 脚 本

现在我处于愉悦的自我催眠中,深呼吸……感受身体的放松带来的内心最深刻的安静……感受面颊和身体的肌肉一寸寸地放松,想象自己最轻松时刻的感受,想象一下自己做过的成功的事情,体会当时自信的感觉……

在脑海里,我把自己的演讲焦虑程度按照高低分为四个等级。

1级——独自在家作一番讲话;

2级——在熟悉的环境里对朋友说一段感想;

3级——在陌生的环境中对熟人演说;

4级——在陌生的环境向陌生的人群发表演讲。

现在想象自己来到第1级情境中——家里,面对空无一人的房间,做一番激情澎湃的演讲。深呼吸,躯体不断放松,带来了精神上的放松,我觉得我能够从容自如地表现自己,这是很容易做到的……

— 第九章 焦虑 —

接下来,我来到了设想的第2级情境中——在熟悉的环境里对朋友说一段感想……当我觉得紧张不安时,我便把意识集中在体验肌肉的放松上,体会心理的平静,慢慢地,我不再紧张不安……

想象自己到达第3级情境中——在陌生的环境里对熟人演说……我感觉到有一点不安全,但是还好,都是熟人,他们都认识我……慢慢地,我渐渐地放松下来……

带着放松的心情来到了第4级情境——在陌生的环境对陌生的人做演讲。我看到周围的一切都不是我熟悉的,我感到很不安全……我很紧张,我一个字都说不出来。这时,我想象自己退回刚才的第3级情境中,我慢慢地深呼吸……感觉身体肌肉的放松……想象自己正在做一些增强自信的附加动作,如挺胸,放大说话声音,眼神坚定有力,想象自己精神奕奕,信心倍增……不断地暗示自己"想怎么说就怎么说,想说什么就说什么,不要顾虑别人的想法"。慢慢地,我觉得一切都很正常,没有什么是我害怕的……于是,我又回到第4情境,我带着放松的心情来想象自己的表现,发现自己跟平时一样。没什么大不了的……

(3) 信息焦虑

信息焦虑是由于人们吸收过多信息,给大脑造成负担形成的,即过量信息作用于人而产生的一种焦虑心理反应。信息焦虑患者,常见于学历高、工作压力大,从事计算机、商务、IT

等行业的白领人群。信息焦虑主要表现在每天都将大量时间花在上网浏览信息，看报纸、杂志时，一旦家中或单位出现网络堵塞、电视断电、电子读物无法打开等现象，这类人会感觉极其不适应，变得焦虑不安、心情浮躁，总担心漏掉重要的信息和新闻，他们会不停地查看手机、查看邮箱，生怕自己漏了必要的信息……

参 考 脚 本

我正在体验自我催眠的轻松感觉，我感觉很舒服，很温暖……

我想象自己坐在小船上，在湖中慢慢地划，清凉的微风温柔地吹拂着我的头发，头发挠在脸颊，痒痒的，像孩子一样顽皮得可爱……微风把我的思绪带到了我焦虑的时候，我每天都花大量时间上网浏览信息，看报纸，看杂志，只要有一点信息看不到，我就变得焦虑不安、心情浮躁……我总担心漏掉重要的信息和新闻，害怕影响工作……

以后，当我心中烦乱，焦虑不安的时候，我会拿出一本自己喜欢的书，坐在阳台上，在阳光的沐浴下，静静地品味手中的茶，惬意地看书……这时，我心中的焦虑就会像露珠一样，在阳光的照耀下，被蒸发殆尽……这时，我感觉到很舒服，很安逸，很温暖……

或者我会和亲近的人一起去电影院看一部感伤而温馨的电影，去体味其中的意蕴，当我看到感人至深的场面时，我会情

— 第九章 焦虑 —

不自禁地哭泣……这时，我感到焦虑随着我的泪水一起被宣泄出去，留下的只是轻松，只是舒服……

或者当我焦虑时，我会把毛绒玩具拿出来狠狠地摔打一番，我拼命地拉扯它，而后我会感到焦虑随着这种宣泄消失得无影无踪……

（4）考试焦虑

考试焦虑主要表现在准备及考试期间出现过分担心、紧张、不安、恐惧等复合情绪障碍，严重的还会伴有失眠、消化机能减退、全身不适等症状。这种状态影响考生的思维广度、深度和灵活性，降低应试时的注意力和记忆力，发挥不出应有的水平，甚至无法参加考试。

参 考 脚 本

我很平静，很放松，我完全控制自己……

我现在在考场上，我感到很紧张不安，不知所措。我总是听到大脑里有一个声音不停地重复，"试题可能很难"，"我害怕失败"，"我不行"，"我肯定考不好"，"完了，这次我又考不好了"……

这时，深呼吸……我感到放松……当我肌肉放松时，一道阳光进入我的身体，到达我的胸腔……并把放松和温暖的感觉散布到全身……它去除了我所有负面的想法和感觉……只留下正面的想法和感觉……我感到平静……我感到放松……我感到我能自我改变……

　　我的潜意识现在已经完全开放，去接受有益的暗示……

　　现在，我在考场上，感到紧张不安，温暖的感觉提醒我，我要忽略它，因为从过去的经验得知，这种慌乱只会持续几分钟。当我开始均匀缓慢的呼吸时，不舒服感就会降低，我的心又平静下来了。

　　"我相信自己能够顺利地完成考试"，"我之前复习得已经很充分了，所以我肯定能够考得很好"，"我不会做的，别人肯定也不会"，"前面几次考得都挺好的，相信这次也会发挥得很出色"……

　　我感到平静……我感到放松……我觉得我能改变消极的暗示……我很平静……我很放松……我能考得很好……

参 考 脚 本

　　现在，我坐在考试的桌子旁。看到周围的同学都在认真地答题。看到试卷上一道道熟悉的题目，我感觉大脑一片空白……我似乎看到了我又失败了，又是很低很低的分数……我害怕看到考试失败后爸妈那失望的脸，看到他们恨铁不成钢的心……这让我很不自在，很紧张。

　　我感到自己的胃很不舒服，有一种恶心呕吐的感觉，我很想快点离开这里，回到让自己安全的地方……我的心在拼命地跳动着，我都几乎认为它要脱离我的身体了，死亡的恐惧感突然来袭，我很害怕……

— 第九章 焦虑 —

我深呼吸几下，吐出心中的焦虑，发现一段时间后，自己还是自己，一切也不是我想的那么恐怖，我最害怕的情景并未出现……我仍然安静地坐在桌子旁，一切都未发生改变。看着面前的试卷，发现那一道道的题目都是之前复习过的，我悄悄地对自己说：没关系，我已经系统完整地复习过了，我的知识储备已经足够应付这场考试，自我催眠能够帮助我重塑信心完成考试，我相信我能做到……

其他应对焦虑的方法

▲ 药物治疗能帮助心情放松及调适生活压力，但是要在医生的指导建议下进行服用。

▲ 多听音乐。音乐是对抗焦虑的好帮手，良性的音乐能提高大脑皮层的兴奋性，促进肌肉松弛，也使精神放松，心情愉悦，使你积聚的压力得到释放。

▲ 点穴法。通过对体表穴位进行刺激，通过经络传导到人体的内脏器官，引起身体内外的放松，能够减轻焦虑和释放压力。

▲ 户外运动，运动会令你心情舒畅，缓和疲惫的大脑。

▲ 倾诉。倾诉会让你的焦虑得到宣泄。和朋友谈天说地、写日记、唱歌都是很好的倾诉方法。

▲ 芳香疗法。植物的纯净精油能够安抚我们的神经和愉悦我们的心情。

▲ 伺候花草对于减缓焦虑也会有意想不到的效果哦！借由实际接触和运用园艺材料、维护美化植物或盆栽和庭园、接触自然环境来纾解压力，缓解焦虑与复健心灵。

— 第九章 焦虑 —

放松小贴士

9.1 肩部放松（一）

（一）向前绷紧双肩
- 将双肩向前绷紧。保持这个紧张姿势2~4秒钟。
- 然后突然放松。
- 感受2分钟。
- 再重复一遍这个练习。

耸肩，向前……

9.2 肩部放松（二）

（二）向后绷紧双肩
- 用力收缩背部的肩胛骨，保持这个紧张姿势2~4秒钟。
- 然后突然放松，感觉到上面的脊椎明显地落到垫子上。
- 用2分钟时间进行感受——你感觉到肌肉的温暖吗？
- 再重复一遍这个练习。

压肩，向后……

9.3 肩部放松（三）

(三) 向双耳方向绷紧双肩
- 用力朝双耳方向抬高双肩，保持这个紧张姿势2~4秒钟。在这段时间内，还需加强这种紧张。
- 然后突然让双肩往下沉落。
- 用2分钟时间进行感受。
- 在有精神压力时，双肩往往是绷紧的，因此这个练习有必要重复2~3遍。

耸肩，保持姿势
——放松

第十章　压力

简述压力

压力——

> 任何令个体感到紧张的刺激都可称之为压力。

> 压力会引发生理反应以及认知、情绪、行为等心理反应。

> 适度压力使人愉悦并能有效地帮助人们的生活，给人以成功感和振奋感，并有助于开发人类的潜能。

> 过度的压力使人感到无助、灰心、失望，还可能引起身体和心理上的种种伤害。

专栏48　职业压力

美国联邦政府职业安全与健康机构的一项研究表明,美国超过半数的劳动力将职业压力看做是他们生活中的一个主要问题,压力及其所导致的缺勤、体力衰竭、精神健康问题每年耗费美国企业界3000多亿美元。

在英国,同样的原因,每年人们会浪费掉100多万个有效工作日,这个数字比1991年由于罢工所浪费的工作日还要多。

2006年年底,《财富》中文版对3698位管理者所做的调查显示,73.4%的经理人感觉压力比较大或极大,47.8%的人因为压力产生消极情绪,47%的人出现睡眠问题,25.5%的人出现生理疾病。

压力给我们带来了什么

> 适度压力

提升人的活力与警觉性。

有利于潜能的开发。

增加责任感。

有利于延年益寿,帮助美容。

> 过度压力

导致身体免疫机能下降。

引起一系列的心身疾病。

性欲降低,性生活质量低下。

入睡困难，睡眠时间减少，易惊醒，久而久之造成失眠。

注意力难以集中，极易被无关刺激影响。

记忆力出现问题。

倾向于僵化的思维方式。

判断力下降，难以清晰、客观、果断地做出决策。

情绪较易波动，很不稳定，一件鸡毛蒜皮的小事可能就会引起大怒。

感觉紧张，产生焦虑、抑郁等症状。

与身边的人关系疏远，对事对人皆冷淡。

暴饮暴食或食欲全无。

采用不被社会准则认可的方式逃避现实，如酗酒、吸毒。

暴力倾向，易挑衅别人，引发他人的不满，打架斗殴，发泄压抑的情绪。

出现自残行为，甚至在极端的压力情况下出现自杀。

工作行为机械化，常常出错。

难以有效地平衡工作与家庭生活。

出现职业倦怠感。

专栏49　压力引发的心身疾病

压力容易引发如下身心疾病，免疫系统：感冒、流感、过敏、癌症；皮肤：荨麻疹、斑秃、神经性皮炎；心血管系统：原发性高血压、偏头痛、冠心病、心绞痛、心动过速；消化系统：消化性溃疡、溃疡性结肠炎、神经性厌食症；泌尿生殖系统：排尿障碍、阳痿、阴冷、月经失调或痛经；内分泌系统：甲状腺机能障碍、糖尿病；呼吸系统：支气管哮喘、过度换气综合征、慢性呃逆；肌肉和骨骼系统：周身疼痛症、类风湿性关节炎。

引发压力的种种原因

噪音。如马路上此起彼伏的喇叭声、施工工地的轰隆声等，让人不堪其扰。

信息泛滥。计算机、手机、传真、电邮等工具使得信息量过大，隐私安全、技术更新过快给人们带来新型的科技压力。

重大社会变革、家庭长期冲突、战争、被监禁等。

不可抗力，如地震、水灾、火灾等，会给人们带来沉重的心理压力和负担。

家庭与工作之间的平衡，时间的分配、子女的教育、日常家务的处理等，这些琐事带来的压力永无止境。

所从事工作的性质。如记者，为了抓新闻，有较高的时间紧迫感；医生、护士常经历生离死别。

越来越多地食用人工合成食品，会引起体内多种压力激素的释放，从而使人们的压力水平相应地提高。

不良的生活作息习惯，不良的饮食习惯打乱了正常的生物钟，造成生理紊乱，无形中增大了压力。

当患上慢性疾病，如关节炎、糖尿病、心脏病等，长期的疾病不仅让生理上有痛苦的体验，心理上还要承受因疾病所带来的压力。

生活变化。如就任新职、就读新的学校、搬迁新居，重要人际关系结合或破裂（恋爱或失恋，结婚或离婚等），生病或身体不适等。怀孕生子，初为人父、母。更换工作或失业。进入青春期或更年期。亲友死亡。步入老年。

不合理的信念。如绝对化的要求，过分概括化，糟糕至极感等。

心理冲突。即内心的一种矛盾状态，会伴随着某种情绪状态，如紧张、焦躁、烦恼、心神不定，压力感由此而生。

个性特征。研究发现，A型人格的人对于压力具有易感性。

专栏50 A型人格与压力的关系

心脏病专家迈耶·弗里德曼（Mayer Friedman）和雷·洛森曼（Ray Rosenman）当年在对办公室家具进行返修时，偶然发现，沙发的边缘最容易破损，而破损的原因在于，来看病的心脏病病人都只坐在椅子的边缘。这个细节引发了他们开始关注病人的心理层面。结果在经过对3500名被试者长达8年的追踪研究后，发现A型行为能有效地预测心脏疾病。A型人格的人更易于激活交感神经，高血压、胆固醇和甘油三酸酯含量较高，使得个体罹患与压力有关的疾病尤其是冠心病的风险增大。

A型人格的人具有以下特点：

▲ 时间紧迫感，总觉得有做不完的事，做事时也是匆匆忙忙。

▲ 同一时间做多件事。

▲ 保持强烈的成就动机，要求高标准，具有野心及远大目标，对工作相当投入，除工作外，鲜有其他的兴趣。

▲ 喜欢竞争，好胜心强，即使在团队的工作上，也会有意无意地想显示出自己独特的贡献，视竞争对手为自己的威胁。

▲ 支配意识较强，希望自己能够影响到同事、家庭成员或朋友，从而满足自己的控制欲。

▲ 无法信任和放心地将事情交由他人处理。

▲ 面对愤怒的琐事，他们会暂时压抑愤怒的感觉，然后没有针对性地、随意地转移到其他无关事情或人上面，通常不加限制。

测查压力程度

心理压力测试

请在符合你情况的项目上打"√"，不符合的略过。

1. 经常患感冒，且不易治愈。

2. 常有手脚发冷的情形。

3. 手掌和腋下常出冷汗。

4. 突然出现呼吸困难、憋闷窒息感。

5. 有腹部发胀、痒痛感觉，而且常下痢、便秘。

6. 肩部经常坚硬痒痛。

7. 背部和腰部经常疼痛。

8. 疲劳感经休息不易解除。

9. 时有心脏悸动现象。

10. 有胸痛情况发生。

11. 有头痛感或头脑不清醒的昏沉感。

12. 眼睛很容易疲劳。

13. 有鼻阻、鼻塞现象。

14. 有耳鸣现象。

15. 经常喉痛。

16. 口腔内有破裂或溃烂情形发生。

17. 站立时有发晕情形。

18. 有头晕眼花情形发生。

19. 睡眠不好。

20. 睡觉时经常做梦。

21. 深夜突然醒来时不易再继续入睡。

22. 不能集中精力专心做事。

23. 早上经常有起不来的倦怠感。

24. 稍微做一点事就马上感到很疲劳。

25. 有体重减轻现象。

26. 常感到吃下东西像沉积在胃里。

27. 面对自己喜欢吃的东西，却毫无食欲。

28. 与人交际应酬变得很不起劲。

29. 稍有一点不顺心就会生气，而且时有烦躁不安的情形发生。

30. 舌头上出现白苔。

以上诸项自我诊断，4项以下属正常；5~8项属于轻微紧张型，需多加留意，注意调适休息；如有9~20项，则表明你有严重的心理压力，属于严重紧张型，你应该到心理门诊找心理医生进行咨询、治疗，缓解和消除心理压力；倘若在21项以上，就会出现适应障碍的问题，应引起高度重视。

你的得分_____

你的压力状况_____

应付心理压力能力测试

下面的测试，可以测试出你应付压力的能力大小。

（1）你有一个支持你的家庭吗？如果是的话，请记10分。

（2）你是否以积极的态度执着追求一种爱好？如果是，请记10分。

（3）你是否参加每月集会1次的社会活动团体？如果是，记10分。

（4）根据你的健康、年龄、骨骼结构状况，如果你的体重保持在"理想"范围内，请记15分。

（5）你经常做一些所谓的深度放松吗？至少1周做3次，

第十章 压力

包括安神、静思、想象、做瑜伽等，如果是，请记 15 分。

（6）如果你每周坚持锻炼身体，每次在半小时以上，每锻炼 1 次，请记 5 分。

（7）如果你每天吃 1 顿营养丰富的饭菜，请记 5 分。

（8）如果你每周都做一些你真正喜欢做的事，请记 5 分。

（9）你在家中备有专门供你独处和放松的房间吗？如果有，请记 10 分。

（10）如果你在日常生活中，会巧妙地支配时间，请记 10 分。

（11）如果你平均每天抽 1 盒烟，请减 10 分。

（12）你是否依赖饮酒或吃安眠药来帮助入睡？如果你每周有 1 个晚上这样，请你减 5 分。

（13）白天，你是否靠饮酒或有镇静药来稳定急躁情绪？如果你每周有 1 次，请减 10 分。

（14）你是否经常将办公室的工作带回家中开夜车？如果是，请减 10 分。

对测试结果的评定：理想的得分应该是 115 分。得分越高，说明你对付压力的能力越大。如果你的得分在 50 分以上，说明你已具有应付一般性压力的能力。得分在 50 分以下，提示你应该增强应对压力的能力。

你的得分 _____

你应对压力的能力 _____

问题清单与解决方案

我的问题清单

（以下清单由读者根据自己的实际情况填写）

感受压力程度	心理压力测试结果：
	应付心理压力能力测试结果：
自我感觉	对照前文描述及自己的实际感受逐条列出
	例：觉得工作没意思。
	1.
	2.
	3.
	4.
	5.
情绪表现	对照前文描述及自己的实际感受逐条列出
	例：情绪较易波动，很不稳定，一件鸡毛蒜皮的小事可能就会引起大怒。
	1.
	2.
	3.
	4.
	5.

第十章 压力

续表

行为表现	对照前文描述及自己的实际感受逐条列出
	例：暴饮暴食。
	1.
	2.
	3.
	4.
	5.
主要原因	根据以上描述及自身实际情况找出造成自己有较大压力感的主要原因
	例：由于工作繁忙，导致不良的生活作息，打乱了正常的生物钟，造成生理紊乱，无形中增大了压力。
	1.
	2.
	3.
	4.
	5.

我的解决方案

(以下清单由读者根据自己的实际情况填写)

目标	我意向中的良好状态是什么？我期望产生哪些变化？
	例：在工作中，如果接手了从未接触过的项目，我能够积极地去准备，并去解决问题，而不是退缩不前，一味地想着困难。
	1.
	2.
	3.
	阶段性目标
	在　　年　　月　　日前，我将达到　　　　　　状态。
	在　　年　　月　　日前，我将达到　　　　　　状态。
	在　　年　　月　　日前，我将达到　　　　　　状态。
	在　　年　　月　　日前，我将达到　　　　　　状态。
	在　　年　　月　　日前，我将达到　　　　　　状态。
	注：目标期望值不要定得太高，也不要太急。
利益	实现上述目标将给我带来的利益
	例：当我以积极的态度解决了困难后，可能会得到加薪、晋升的机会。
	1.
	2.
	3.
	4.
	5.

续表

认知	我现在对心理压力已有了以下新的认识
	例：每天生活中的环境和事件都会引起某类或某种程度的压力，所以我的目的不是将压力从生活中完全清除，而是需要程度适中的压力帮助我保持清醒并做出良好表现。
	1.
	2.
	3.
	4.
	5.
行动	我将采取下述系列行动以应对疲劳
	1. 立即行动，今天就开始。
	2. 学习自我催眠技术，重点掌握1~2种方法即可。进行10~15天，每天2~3次。
	3. 同时根据书中提供的暗示语脚本，结合自己的实际情况，编写属于自己的暗示语脚本，选择对自己有效的催眠音乐。
	4. 将自己导入自我催眠状态，进入状态后插入针对具体问题的暗示语脚本，着手解决自己的问题。
	5. 选择其他缓解压力的方法，以协助压力感的缓解。
	6. 阶段性目标达成后予以自我奖励。
	7. 一个疗程结束后通过自我感受与量表测评确认治疗效果。

应对压力的催眠暗示语脚本

（1）由工作带来的压力

时间性压力源是工作压力中的一种，比如要在很短的时间内完成大量的任务，但又不能有效地利用与控制时间。

参考脚本

我已经进入到了令人愉悦的催眠状态……整个人都非常放松……

我发现每天的时间都不够用，要是有36个小时就好了。我总是不停地忙来忙去，可还是不能在工作时间内完成任务，但是和我做着同样工作的其他同事比，他们为什么能游刃有余地安排好工作呢？时间肯定是在无形之中被我浪费了……

怎样才能合理利用时间呢？先来看看我有哪些不良的习惯吧。每天早晨，上班的第一件事就是打开电脑登QQ，观察同事和朋友是否换了个性签名，还对新的签名进行留言评论，再浏览网页阅读八卦新闻。这样一个小时就很快过去了。然后我才开始一天正式的工作，这些都是多么无聊的事情啊！这些行为对工作是一点帮助也没有……我不能再用宝贵的上班时间来做这些无意义的事情……如果我用这一个小时来为当天的工作做个计划，就是非常正确的选择！是正确的事情就要坚持去做，我相信自己是可以坚持下去的……我会自己给自己监督。如果我控制住了自己看八卦新闻的欲望，把这一个小时用在了工作中，就在当天的日历中画一个笑脸，否则就是一个苦脸。一个星期之后，如果笑脸是5个，周末就奖励自己外出大吃一顿，否则就没有这种福利待遇……一个月之后，如果笑脸是20个，就奖励自己一件梦寐以求的漂亮外套，否则就只能将衣服留在商店的橱窗口……加油……加油……相信自己是可以利用这一个小时的……

— 第十章 压力 —

还有看电视、进餐也浪费了太多时间,每次吃饭都要和同事闲聊。我知道这是与同事交流沟通的好机会,可是也没有必要每天如此,一个星期之内只要拿出三次吃饭时间用来相互了解即可……

预期性压力源是工作压力中的另一种来源,来自对事件的恐惧。通常具备两个特点:令人不快的期望和对不确定性的担忧。比如初入职场的新人担心明天不能接到订单,不能确定明天将要面对的是什么样的客户等。要想消除这些不必要的担忧,想象无疑是一个不错的选择。如果我们懂得运用想象于积极正面的方向,不再执着于负面消极的方面,想象我们正在体验着愉悦的经历,就能拨开云雾见天日。

参 考 脚 本

一天的工作开始了,我精力充沛,我看到自己面带微笑地、很轻松地和每位同事说早安……我来到了办公桌前,坐下来,我看到自己信心十足地对自己说"好样的,我是好样的,我今天要努力增加 10 个客户,这是我今天的目标哦!我相信自己肯定能坚持下来。"我自信满满地打开客户联系簿,先给第一位客户打电话,打通了,但是没有人接听。对方估计没有听见,或者很忙,暂时没时间来接听电话。没有关系的,我先做个记号,等会接着联络……

我再给第二个客户打……有人接听了,我有点高兴和激动,我试着冷静几秒钟，然后仔仔细细地给对方介绍我们公司的产品和相关知识……我看到自己说得很专业，对方很有兴趣地在听……这是一次比较愉快的交谈……最后，我邀请面谈，虽然没有成功，但是我与对方打下了比较良好的基础关系，我想下次交谈起来应该会更加顺畅……

我接着拨通第三位客户的电话，这是曾经拒绝过我的，这位客户很会刁难人，以前和他交谈是一件会让我沮丧的事情……但是今天我不一样了，我能够很平静地面对他，他的冷言冷语或冷嘲热讽就像一阵风一样，从我耳边刮过……风的流动是不会有痕迹的，那些语言也不会在我脑中留下痕迹……就像风一样，飘到很远很远的地方，我是不会看见的……我会用平和的语气与对方交谈，我能流利地说出我想说的话，我能看到自己应付裕如的样子，我很喜欢自己这个样子，我对那样的自己很满意……

我一个电话接着一个电话地拨，有些交谈比较顺畅，有些不那么顺利，但我都能处理……我都能做得有条不紊……一天的工作很快就过去了……我发现自己达成目标了，心里很喜悦……我喜欢这种感觉，工作就是这样的，以后每天的工作也会像今天这样的……

（2）由负性生活事件带来的压力

（以失业为例）失业，无论对谁来说都是不小的挫折，是很大的心理压力来源。面对这一生活的变故，人们对自己说的话

— 第十章 压力 —

大多是负面的,"我被炒鱿鱼了,肯定是我不行!""我应该可以做得更好,但我又把事情搞砸了!"这种消极的自我暗示就像预言一样,会在下一次的职场中"自动"实现。我们不妨在自我催眠状态中试试换一种方式。

参考脚本

只要我选定的目标是正确的、合适的,我都能成功实现!每时每刻,我给予自己的所有正面肯定的暗示,我的潜意识都能够成功地接收到,并重新修改程序,把那些消极悲观的想法和习惯行为消除掉……

失业不代表我的能力被否定了。从今天开始,我将是又一个自由自在,充满活力的人,我能消减曾经或者现在还有的任何心理压力以及任何消极悲观的行为和信念……

我拥有了所有必需的内在意志力,能够重新打造我的世界,我变成了一个超人,能够应对任何求职过程中遇到的阻碍……我无条件地喜爱和接受自己,我具备自律能力以实现个人目标……每天我用各种方式增强自律能力,我知道去做那些应该或需要去做的事,停止做那些没有意义的事……现在我能够适应生活中的各种改变……面对多种选择,我能够做出正确的决定,总是能够去做喜欢的事情……我是一个有自信心和自我信赖的人,我很独立和果断,能正面自我想象,能做好任何我想要做好的事……

我有雄心、恒心和决断能力做好工作……我将会是一个成功者……我的确有能力去实现所有生活和事业目标……每天的经历都能给我带来增强一点自律的信心。现在，我能把一些复杂的工作合理地分成几个小部分，然后在同样的时间里一步步完成这项工作。我做事总是得心应手……

我很清醒地专注自己的理想，毫无保留地努力实现自己的人生目标。我是一个成功者，从现在开始将永远展现出成功型人格，自信、独立……

我的内心充满独立性和果断性，我为自己的成就而感到自豪，感到安全、可靠、被保护。每天，无论我做什么，都会感到更加自信，有能力解决任何问题，在我的人生道路上没有不能越过的障碍，没有不能克服的事情……

专栏 51　望梅止渴

　　三国时期，曹操率领部队去讨伐张绣。时值七八月间，骄阳似火，万里无云，士兵们口渴难忍，行军速度明显变慢，有几个体弱的士兵竟然体力不支晕倒在道旁。曹操见状，非常着急，心想如果再这样下去，部队根本不能如期到达目的地，战斗力也会大大削弱。于是他叫来向导，询问附近可有水源？向导说最近的水源在山谷的另一边，还有不短的路程。曹操沉思一阵之后，一夹马肚子，快速赶到队伍前面，然后很高兴地转过马头对士兵说："诸位将士，前边有一大片梅林，那里的梅子红红的，肯定很好吃，我们加快脚步，过了这个山丘就到梅林了！"士兵们一听，不禁口舌生津，精神大振，步伐加快了许多。

— 第十章 压力 —

虽然人世间对爱情有万千祝福,但生活中恋人的分手一定是每天都有的事。失恋,是一种恋爱受挫现象,自己所爱之人不再爱自己了,这给人带来痛苦,由此而蒙受重重的压力。

参 考 脚 本

我已进入愉快的自我催眠状态之中,我的心情渐渐地平静了下来……

谈恋爱本来就有两种结局,第一种结局用小脚趾头就能想出来的,那就是甜蜜地走入婚姻殿堂;第二种结局就是分手,虽然残酷却也正常……

失恋并不等于失败,也没有什么可自卑的,整个人生并不会因为失恋而黯淡无光,反而有时人生会因为失恋而变得更加美好……每天早晨我都会赞许自己一遍"事情并没那么严重嘛,昨天都撑过去了,今天更没问题喽"……

正因为有了对方的拒绝,我才重新有了高度的自由……我再也无须为他(她)牵肠挂肚了……如果说失恋是"失",凭什么不能说失恋也是"得"呢!我只要抱着乐观的态度,理想对象就会在天时、地利、人和的情况下,走进我的生命……

没有必要把事情弄得那么复杂,只是简单地与异性交往,一起吃饭说话而已……我可以采取轻松自在的态度来看待男女关系,不需要把每次约会都当成择偶的机会,不需要把每个对象都当成"终身伴侣"来看待。我可以这样对对方说"很高兴与你共进晚餐""和你说话很开心""今天和你度过了愉快的一天"。这或许令人难以置信，但事情就是这么简单……

我遇到许多有趣的对象，而且每次情况都和以前截然不同。对方也是和我一样，只是想认识和了解更多的异性，希望能找到志趣相投的交往对象，也不急着投入婚姻。对方都很有自信，也懂得享受人生。在这些与我较为投缘的异性中，就可能有一位是我的理想伴侣，即使没有也可以帮我拓展交友圈。但过不了多久我就可以遇到寻觅已久的终身伴侣。我们相遇的瞬间，就彼此明了，自己就是对方理想的另一半。此时，我会非常感激过去帮助我找到理想伴侣的每个交往对象。交往是再自然不过的事了……

（3）由消极情绪带来的压力

过度的消极情绪，不愉快、恐惧、失望，会使运动神经系统发生改变——表现为无力，手脚发软，细微震颤，发抖，肉跳，出现多余动作如眨眼、咬牙等，面肌紧张（皱眉等），坐立不安，徘徊走动……长此以往，身心倍感压力。通过放松训练，循序渐进地交替收缩或放松肌肉，细心体验肌肉的松紧程度，可最终达到缓解身心压力的效果。

参 考 脚 本

眼睛轻轻地闭上，全身都跟着放松了下来。把注意力停留在呼吸上，静静地观察空气进入鼻孔的感觉，当我观察到呼吸

第十章 压力

的时候,呼吸会变得更加均匀,身体也会更加放松。随着每一次呼吸,内在的焦虑紧张都呼出了体外,我会越来越放松,外界的一切杂音将使我更平静。下面我按照从脚到头的步骤放松后,身体会全然地放松,释放所有的压力……

现在,我的脚部放松了,每一个脚趾都依次放松,脚部一放松小腿上的肌肉也会跟着放松下来,膝盖也放松了,大腿上的肌肉也一丝一缕地放松了。现在我的两条腿又松又软,没有了力气,沉沉的,但双腿很暖和,非常舒服,接下来,腹部、胸部的肌肉也放松了,两条手臂也放松了,像煮熟的面条一样柔软无力,手臂一放松背部也跟着全部放松下来,从下到上,每一节脊椎都放松了。现在我整个身躯都非常松软而温暖,身上的每一条经络都畅通了,能感觉到气血在周身缓慢地流动,流动……我的脖子也软了,脖子上的肌肉都放松了,脖子一放松面部上的肌肉也随之放松了,自下而上,下巴松弛了,嘴巴两边的肌肉松弛了,两颊的肌肉也一丝一缕地放松了,眼窝周围的肌肉放松了,眼窝周围的肌肉一放松,小细纹就抚平了,眉头也舒展开了,额头上肌肉完全展开了,感觉额头凉凉的,很舒服。两个耳朵也随着面部的放松而变得松软起来,头皮放松了,每一根头发都像睡着了一样,顺从地贴着头部自然垂下,面部所有的压力都释放了,我是如此平静,如此美丽。现在我全身都放松了,松松软软,没有了力气,很舒服,面部也特别松软,面部肌肉的每根纤维都舒展开了,很舒服……

我的面部有一团和谐的光,是白色的,因为这是我喜欢的颜色。这团柔和的光携带着大量的能量，照在我的面部，不断地释放着温和的光辉，滋润着面部的每一个细胞。我感觉面部暖得痒痒的，很舒服，那是细胞在汲取自然的能量，醒来后，我肯定会觉得容光焕发，神采奕奕，整个面部的肌肉很有弹性，不再那么紧绷，内心平静而柔和。现在，我充分地享受这团能量之光带给我的能量补充过程，舒缓我的面部肌肉……

哭能释放情绪、缓解压力。心理学家曾给一些成年人测验血压，然后按正常血压和高血压编成两个组，分别询问他们是否哭泣过。结果87%的血压正常的人都说他们偶尔有过哭泣，而那些高血压患者却大多数回答说从不流泪。由此看来，让人类抒发出不良的情感要比深深埋在心里有益得多。

参 考 脚 本

想哭就哭吧，我可以把一切痛苦、委屈和悲伤通过眼泪释放……哭是一种纯真的情感爆发，它可以保护自我，我可以通过哭释放体内积聚的神经能量，我可以排除体内毒素，从而调节身体的平衡……有首歌正是这样唱道，"男人哭吧，哭吧不是罪，再强的人也有权利去疲惫，何必把自己搞得那么狼狈？其实下雨也是一种美"……我可以在空旷的原野上大声呼喊、痛哭……痛痛快快哭一场吧，没什么不好，也没什么不可以……

（4）利用催眠后暗示与催眠后线索缓解压力

通过给自己催眠后暗示或建立催眠后线索，可以将一个压力事件（或压力情境）转变为一种放松信号。

参 考 脚 本

现在，我已经进入了非常舒服、非常放松的催眠状态……

A

我的上司总是对我的工作冷嘲热讽，他说我的办公桌乱七八糟，说我的行动太慢。但我深知自己并不缺乏工作技能，因为他对办公室的其他人也是这个态度，批评我时他自己也不在意……但是他每次批评或责骂我时，我的内心十分不满，感到很不开心……但我不想离开这份待遇不错的工作，所以当我听见他攻击性的语言的时候，我给自己积极反应的暗示……

我发现当他粗鲁地批评我的工作时，我能谅解……我并不会接受这些评价……我可以深呼吸，用削笔器削铅笔，削去他冷酷无情的评论……我发现当我削完铅笔，我也就卸掉了压力和我体验到的紧张感……

B

每当接完不愉悦的电话时，我就会紧张并感到压力，现在我可以将这一个压力情境变为平静的暗示……我将电话的挂断作为提示，做出我想要的积极行为……打开我最喜欢的轻音乐，坐在一张舒服的椅子上，给自己倒一杯水……做完这一系列的行为后，我的紧张感也就随风而逝了……

C

我知道我的紧张和重压来源于每天的许多工作，所以无论我什么时候有困扰，可以写下一个人名，比如某某竞争对手，或草拟一份报告，有时候也可以用一个单词来描述这个问题；然后深呼吸两次，打开办公桌的最下面一个抽屉，将纸张和压力感通通放进去……当我关上抽屉时，所有的不悦都放了进去……以后每个星期清理一次那些纸张，为宁静和轻松留下空间……

其他应对压力的方法

▲ 听音乐。音乐是人类的杰作，与人的情绪密不可分。音乐治疗现在已经成为一种专门的治疗手段，对于缓解压力也有着特殊的功效。音乐可以引发丰富的视觉想象，包括色彩感、形象感、运动感甚至触觉和味觉的感受，在音乐中的自由联想中让人深刻体验大自然和生命的美感。在听音乐时，通过冥想来绘画高山、草原、河流、大海、森林、田野等大自然风光，这样很容易引起人们轻松，美好的感觉想象，以便最终达到改变你的日常心理状态，使它处于一种良好和乐观积极的状态之中。冥想时，在音乐的国度里，会让一天的疲惫真正地放松下来，在流连缥缈的音符间忘却压力的存在。

第十章 压力

专栏 52　橙的气味有助于女性缓解压力

奥地利维也纳大学的一个研究小组对橙发出的气味是否有利于缓解人们的心理压力做了进一步的研究。在实验中，他们请一批牙病患者填写心理测试的问卷，就他们在等待接受牙病治疗前那一段时间的情绪状况做出如实回答。结果表明，所有闻了橙油味的女患者均表示不再那么害怕看病了，而那些没有闻到这种气味的女患者则并未表现出这种迹象。而且，我们在测试的过程中仅释放了少量的气体，因此这些女性一般不会注意到与普通的牙医等候室的空气有什么不同。但是，男性患者却没有表现出明显的差异，吸了这种气体的患者与没有吸到这种气体的患者在心情的焦急程度上没有显著区别。虽然尚不知道男性的情绪不受橙气味影响的原因，但是女性对于气味的敏感程度显然强于男性。

▲ 香味疗法。许多天然物质能让你感到镇定安宁，如柠檬或薰衣草的香味。因为香味能刺激嗅觉器官，还能让你回忆起过去的心情。嗅觉神经系统直接与大脑相连，不像其他感觉在被大脑识别之前需要经过转换，气味能迅速直接地被大脑接受。洗澡时，把几滴香精油放入浴水中，伴随着燃烧的蜡烛和舒缓的音乐，在水中浸泡一会，当你走出浴室，不仅皮肤变得爽滑，头脑也会清醒很多，非常有助于缓解压力。

▲ 写作减压。"把烦恼写出来。"美国心理协会非常推崇写作减压这种方式，写作的内容是什么呢？你的压力体验，你生

理、心理上的一切烦恼。在美国，不仅医院大夫鼓励病人记病床日记，就连一些书店也开始卖空白病历日志，甚至还有专门的书籍和杂志指导病人如何操作。

专栏53　一支笔一张纸，减压效果显著

1988年，美国一些心理学家做过一项测试，一组人员专写压力和烦恼；另一组人员则只写日常浅显的话题。每4天一个周期，持续6周后，结果前一组人员心态更加积极，病症较少。1994年的另一项测试则是将失业8个月的白领分成3组，一组只写对失业的想法以及失业对个人生活带来的负面影响；第二组写今后的计划以及如何找新工作；最后一组什么也不写。结果在连续5天每天30分钟的写作试验之后，在接下来的1个月内，研究者发现那些写自己如何不幸的失业者更容易找到新工作。

▲ 食物减压。有些食物的确能够改变人们的心理压力，影响睡眠，从而使人产生愉悦或者烦躁两种截然不同的效果。所以对付压力还可以从吃上想办法，认识一些与情绪有关的食物。高复合碳水化合物，包括全麦面包、谷类、蔬菜、水果、低脂酸奶等。这些食物易消化，短时间内就能为身体提供能量。面包需要1～3小时，水果只要30多分钟即可消化完毕。高蛋白食物，如去皮鸡肉、瘦牛肉、鱼等富含氨基酸的食物。含有DHA的鱼油，如鲑鱼、白鲔鱼、黑鲔鱼、鲐鱼。不含咖啡因的

第十章 压力

饮料如橙汁、牛奶、矿泉水等。富含B族维生素的食品可以促进肾上腺分泌抗压力激素，坚果、豆荚、深绿叶的蔬菜、牛奶等都富含B族维生素。能消食顺气的食品啤酒、山楂、玫瑰花、萝卜、橘子、莲藕等能促进胃肠蠕动，从而达到健脾养胃、消胀顺气的作用，常吃会使人心情舒畅。巧克力能舒缓心情，排除紧张，达到减压的作用。此外，硒元素也能有效减压，金枪鱼和大蒜都富含硒。

专栏54　嚼口香糖

你知道为什么NBA的球员喜欢在比赛时嚼口香糖吗？为什么美国有些学校在学生考试前派发口香糖？科学家进行咀嚼与压力关系的研究时发现，咀嚼口香糖能改变人体与压力相关的生理指标，如α脑波与唾液皮质醇水平。国外心理学专家采用脑电图（EEG）技术发现，咀嚼口香糖能增强α脑波，有助减压。而英国诺森比亚大学人类认知神经系统科学中心主任Andrew Scholey博士于今年发表的最新研究表明，咀嚼口香糖的被试者表现出更高的警觉度、更低的焦虑水平与压力感，唾液中反映机体压力状况的指标，即皮质醇水平也更低。

试一试在压力前嚼一嚼口香糖，轻松展现最优秀的你！

放松小贴士

10.1 脸部放松

扮鬼脸的美容术

放松脸部：
- 用足力气扮鬼脸，保持这个紧张姿势 2~4 秒钟。如果动作做得正确，你甚至能够听到自己脸部肌肉的颤抖感。
- 接着突然松开所有的紧张，同时略微张开你的嘴巴，使上、下腭分开。
- 感受 2 分钟。
- 再重复一遍这个练习。

Ps：女士们不用担心做这种放松练习会产生皱纹。由于皮肤中的血液循环更流畅，可防止皱纹的形成；绷紧肌肉更有消除脸部皱纹的作用；其次，良好的放松能防止产生皱纹。

第十一章 孤独

简述孤独

孤独——

> 一种以孤单、寂寞、远离人群为特征的消极心态。
> 客观上与他人缺乏接触，或处于社交孤立状态而没表现出心理上痛苦的人，不能将其视为孤独。
> 最可怕的孤独则是人群中的孤独，人称"都市孤独症"。

专栏 55　都市孤独症

著名未来学家阿尔温·托夫勒在《第三次浪潮》一书中写道:"蒙受孤单的苦楚,当然很难说是始自今天,但现在孤独是如此的普遍,竟然荒谬地变成人皆有之的经验了。"他还指出,孤独是一种世界性现象,孤独感像一场瘟疫蔓延开了。他形象地说道:"从洛杉矶到列宁格勒,十几岁的青少年,不愉快的配偶,单身的父母,普通的职工,以及上了年纪的人,都抱怨社会孤立了他们,父母亲认为子女忙得没有时间来看望他们,甚至没有时间打一个电话。在酒吧间和自动洗衣店中,寂寞的异乡客倾诉心里话,一位社会学家称之为'凄然寡欢,心乱如麻'。那些独身俱乐部和唱片夜总会,成了绝望的离异者的肉欲市场。"

孤独给我们带来了什么

孤独感可以增加人体压力激素皮质醇的分泌,皮质醇分泌增多可以削弱人体免疫系统,使人更容易生病。

使人体血压上升、压力增大,患心脏病和中风的可能性远远高于正常人。

对于年老而且孤独的人来说,越是孤独,身体的机能衰老就越快。

身体健康但精神孤独的人在十年之中的死亡数量要比那些身体健康而合群的人死亡数多一倍。人的精神孤独所引起的死亡率与吸烟、肥胖症、高血压引起的死亡率一样高。

更少运动，且容易放弃。

习惯于把想说的话藏在心里，在很多场合表现矜持。

专栏 56 "你偷菜了吗？"

"你偷菜了吗？"如今已成为许多人见面时的问候语。有人为了防止自己"菜园"中的灵芝被偷，同时到别人的"菜园"中"偷菜"，每天到凌晨 2 点仍不合眼。

开心网、校内网、QQ 空间等社交网站中，"好友买卖""抢车位""开心农场"和其他各类休闲交友小游戏，被网友热烈追捧着。今天我变成你的"奴隶"为你打工，明天你家菜园种的南瓜被我偷了，后天你家的宠物狗追得我狼狈逃窜……

"偷菜"其实体现了一种虚拟社交依赖症，越迷恋越孤独。玩这类游戏，玩开心网、校内网，表面看似减少了人们的孤独感，联络了社交感情。实际上，越是沉迷于虚拟社交游戏的人，越是在现实中感到压抑的人。

有寂寞、孤立、无助、郁闷等不良情绪反应。

难耐的精神空虚感。

一系列的消极体验，如沮丧、抑郁、烦躁、自卑、绝望等。

莫名的烦恼，时有"茕茕孑立，形影相吊"之感。

为了排遣孤独，有时会自我毁灭性地大量吸烟、酗酒，甚至行为出格或做出冒险的举动，严重的还会自杀。

削弱人的意志力和决心，不利于人保持健康生活方式。

与入睡困难、阿尔茨海默氏症病情加剧等现象有关。

造成抑郁症的危险。

孤独也不全然是坏事，但凡有高度创造性的人多为孤独者。同时孤独之时也是反省自我的最佳时刻。

……

引发孤独的种种原因

在群体或家庭中，归属和爱的需要没有得到满足。

缺乏社交技巧，不能在与别人接触时体察别人并适度表现自己。

过分重视自己爱好的即刻满足，忽视他人的要求，不会在人际间建立分忧或共乐的亲密关系。

对人缺乏同情心，既不能感人之所感，也不能知人之所知，因而无法获得他人的感情回应。

自责倾向过重，与人交往过分患得患失，因恐惧失败心理的影响，导致在社会活动中采取退缩与逃避的方式。

个性悲观，对人不信任，与他人交往时不能坦诚相待，不能表露自己的特点，无从获取他人的理解与尊重。

在交往过程中对细节过于敏感，对他人的行为和意图常常加以歪曲或曲解。

爱情关系的终止和破裂、配偶亡故、失去亲人、同他人不和等。

生活事件，比如事业上的挫折或升迁，远离故乡求学等。

专栏57　老年生活的杀手——孤独

人到老年后，生活圈子日渐缩小，曾熟悉的群体日渐疏远，子女要忙的事越来越多而无暇顾及，倾诉内心情感的对象也日益减少。因此，孤独感常与老人相伴。

美国、芬兰、瑞典三国联合对4000多名男女长达12年的研究发现，疏离群体的人患严重疾病或在此期间死亡者，比社会活动活跃的人高出2~3倍；而且人与社会疏离越远，患病率与死亡率越高。这表明，人生活在和睦的家庭群体或一个密友圈子中，其抵御疾病的能力较强。法国全国科研中心心理实验室的一位研究员指出，与外界交往少的老人死亡率，要比勤于交往者高出2倍多。瑞典斯德哥尔摩老年学研究中心对1200多名75岁以上老人进行了调查，发现独居、没有朋友或与子女关系差的老人，得痴呆症的可能性比勤于社会交往者高60%。

孤独何以使老年人生活质量下降并多病早衰呢？医学研究证实：孤独者下丘脑活动增强，有害物质分泌增加，可影响血压、心跳和情绪，降低机体免疫力，使人多病体衰。

离开团体，或是进入新的团体。

自认为怀才不遇，或是被人嫉妒，被人欺骗。

个性太过孤僻、内向和自卑，抑或太过自命清高，不可一世。

对自己或他人的评价比较消极。

将社交的成败归因为不可控制的外部因素，如运气、个人背景等。

婚姻生活质量不高。

被动地拒绝，如不被邀请希望参加的聚会。

人际矛盾，如与父母、朋友吵架。

处于社会交往隔离或人际环境较为封闭状态。

……

专栏58　孤独：癌症性格

从临床收治的癌症患者统计情况来看，孤独性格的女性患癌症的概率比其他性格的人概率要高一些。孤独抑郁生闷气，并常常带气吃饭，患胃癌的概率较高；长期处于孤独失望自卑中的女性，患宫颈癌概率较高；常常强忍怒火不愿表达的女性，则患乳腺癌概率较高。因此，这种孤独性格从某种意义上说也是一种"癌症性格"。专家表示，孤独会导致失眠，还会加速老年痴呆的进程，诱发高血压、心脏病等，并且容易使人体的免疫力下降。而摆脱孤独的最好"疫苗"是多参加社会活动。

— 第十一章 孤独 —

测查孤独程度

孤独量表

请试答以下孤独量表（Loneliness Scale）的问题，评估一下自己的心理状态。

单位：分

	从未	很少	有	经常
1. 当你单独做事时，会感到不快乐？	1	2	3	4
2. 感到没有人跟你谈话？	1	2	3	4
3. 你常感觉无法容忍独处的时间？	1	2	3	4
4. 你常感到没有人能真正地明白你？	1	2	3	4
5. 你常等待其他人找你？	1	2	3	4
6. 你常感到自己非常孤独？	1	2	3	4
7. 你常无法与身边的人沟通？	1	2	3	4
8. 你常感到极需要伙伴？	1	2	3	4
9. 你常感到很难结交朋友？	1	2	3	4
10. 你常感觉被其他人排斥或拒于门外？	1	2	3	4

结果处理：将所有得分相加。

结果分析：30~40 分说明经常感觉到孤独；

20~29 分说明有时感觉到孤独；

10~19 分说明很少感觉到孤独。

你的得分_____

你的孤独状况_____

问题清单与解决方案

我的问题清单

(以下清单由读者根据自己的实际情况填写)

孤独程度	孤独状况:
	孤独量表结果:
自我感觉	对照前文描述及自己的实际感受逐条列出
	例:莫名的烦恼,时有"茕茕孑立,形影相吊"之感。
	1.
	2.
	3.
	4.
	5.
情绪表现	对照前文描述及自己的实际感受逐条列出
	例:有寂寞、孤立、无助、郁闷等不良情绪反应。
	1.
	2.
	3.
	4.
	5.

第十一章 孤独

续表

行为表现	对照前文描述及自己的实际感受逐条列出
	例：在与他人进行交往的过程中，常常逃避。
	1.
	2.
	3.
	4.
	5.
主要原因	根据前文描述及自己的实际情况找出自己孤独的主要原因
	例：缺乏社交技巧，不能在与别人接触时体察别人并适度表现自己。
	1.
	2.
	3.
	4.
	5.

我的解决方案

(以下清单由读者根据自己的实际情况填写)

目标	我意向中的理想状态是什么?
	例:希望一个人独处的时候,不会再感到孤单、寂寞。
	1.
	2.
	3.
	阶段性目标
	在　　年　　月　　日前,我将达到　　　　状态。
	在　　年　　月　　日前,我将达到　　　　状态。
	在　　年　　月　　日前,我将达到　　　　状态。
	在　　年　　月　　日前,我将达到　　　　状态。
	在　　年　　月　　日前,我将达到　　　　状态。
	注:目标期望值不要定得太高,也不要太急。
利益	实现上述目标将给我带来的利益
	例:当我独处时,我就能够专心地学习英语,或者潜心研究一门学问。
	1.
	2.
	3.
	4.
	5.

第十一章 孤独

续表

认知	**我现在对孤独已有了以下新的认识**
	例：当我独处时，我可以把世界上的一切烦恼、痛苦和喧闹统统抛开，拥有一片完全属于自己的天地。
	1.
	2.
	3.
	4.
	5.
行动	**我将采取下述系列行动以应对孤独**
	1. 立即行动，今天就开始。
	2. 学习自我催眠技术，重点掌握1~2种方法即可。进行10~15天，每天2~3次。
	3. 同时根据书中提供的暗示语脚本，结合自己的实际情况，编写属于自己的暗示语脚本以及催眠音乐。
	4. 将自己导入自我催眠状态，进入状态后插入针对具体问题的暗示语脚本，着手解决自己的问题。
	5. 选择其他应对孤独的方法，以协助孤独问题的解决。
	6. 阶段性目标达成后予以自我奖励。
	7. 一个疗程结束后通过自我感受与量表测评确认治疗效果。

应对孤独的催眠暗示语脚本

（1）由独处造成的孤独

有些孤独是由独处造成的，或者是由于工作环境在人迹罕至之处，或者是由于初到一个陌生的工作环境、生活环境，比如说出国留学的初期。这种孤独称为境遇性孤独。它不是一种心理问题，但也使人备受煎熬。此时此刻，心态的调整主要在于对独处以及孤独的认知上。

参 考 脚 本

独处是一种境界……整天为世间的得失而忙忙碌碌的人，根本不会体验到人生还会有一种经验叫孤独……沉湎于浮躁和焦虑中的人，是无法体会到独处时所拥有的那独特的滋味……只有平和而心静的人，才能体会到独处是一种难得的心境……具备独处的能力，才能拥有真正的自我……灵感在独处中产生，创造在独处中萌发，思想在独处中闪烁……有了独处时的那份孤独，才会有一些意想不到的收获……

在繁闹拥挤的尘世中，有一份独处已经成了一份奢侈。有太多的名家因为得不到独处的机会而痛苦：只要一出名，各路之人不约而至，扰得他们不得安宁，作家不能安心写作，科学家不能投入研究，他们不愿抛头露面，只为了一份宁静与孤独……所以独处是一种乐趣，一种不同于朋友一起谈笑的乐趣，一种无法解释得清楚的乐趣……

第十一章 孤独

独处时，我可以随心所欲，可以不必顾虑他人的眼神……这样的一份自在，足以令我身心彻底地放松……我确定我很喜欢这种放松的感觉……

独处时，孤独是个完全忠实于我的朋友……我可以和它分享一切，不必怀疑它……我的思想就是它的思想，无论我想什么、做什么，它都会陪着我，寸步不离……

我喜欢独处，喜欢独处的感觉，喜欢在独处中独自享受……每当一个人独处的时候，我会用我自己的方式去迎接它……冲一杯浓浓的咖啡，细细地品味自己的心境，缓缓地敲打着自己心底的那份淡淡的思念……沐浴着月色，欣赏诗境中的圆月，皎洁的月光如轻纱般披在我身上……

在这样静静的夜晚，时间飞逝，我的生活需要这样的一种宁静，在那段宁静的时间中，不必为生活中的尔虞我诈而烦恼，不再为日常生活中的压抑而苦闷，让心情在独处中拥有一份独特的享受……

独处是一种幸福……是一种享受……是一种绝美的心境……

（2）由个性悲观造成的孤独

个性悲观的人消极，总是预设困难、假想灾难、凡事往坏处想、为那些根本不会发生的事烦恼。与他人交往时不能坦诚相待，不能说出自己的真实想法，所以无法取得他人的信任与理解，他人也无法做出有效的回应。久而久之，心理的负面情绪积累多了，无法排解，孤独便随之而来。

参 考 脚 本

　　我要尽可能地愉快，培养自己积极心态，我的心态是我能掌控的东西……相信自己是唯一可以随时依靠的人……

　　有些人似乎在所有的时候都能够充分使用积极心态，有些人开始时使用，然后就停止使用了，那怎么办呢？我能否像学习别的技巧那样学习使用积极心态呢？可以的，只要我天天坚持，我相信水滴石穿……

　　乐观是一种对未来充满信心的生活态度，乐观使人积极、进取，做起事来精神抖擞，事半功倍……乐观使人随时随地在生活中看到希望，并且兴高采烈地去追求希望的实现。乐观的人即使处于逆境，也能怀抱希望而奋斗不懈……乐观是一种心态，是一种活法，愁是过一天，乐也是过一天，何不开心地过每一天呢……

　　个性悲观有时来源于自卑的心理，这种心理导致他无法正常地和外界接触，无法正常地与人交流，所以常常感到孤独。交际圈的狭窄会使人变得没有人关心，只能在自己的世界里孤芳自赏，久而久之就更加的封闭了。消除自卑心理，建立自信心，才会吸引朋友，当拥有了好人缘，孤独自然就渐行渐远。

— 第十一章 孤独 —

参 考 脚 本

我现在已经彻底地放松,进入自我催眠状态,所有的注意力都集中在自信心的建立上……我能够接受所有的信息,我能够完全地控制自己……

自信是一个人对自己能够达到某种目标的乐观充分的估计,自信对一个人是很重要的……拥有充分自信心的人不屈不挠、奋发向上,因而比一般人更易获得各方面的成功。可以说,自信意味着已成功了一半……

我要做一个有自信的人……每个人都有自己的优点和缺点,我没有必要总想着缺点,这样只会越来越没有信心,没有必要灭自己的威风,我需要长自己的志气……我知道自己的优点,热情,大方,乐于助人,对人坦诚,我喜欢自己的这些优点,并引以为豪……

我将会每天照三遍镜子……清晨出门之前,对着镜子修饰仪表,整理着装,使自己的外表处于最佳状态……午饭后,再照一遍镜子,修饰一下自己,保持整洁……晚上睡觉之前洗脸的时候再照照镜子,消除对自己的仪表的不必要的担心……这样将会更有利于我将注意力集中到与人交往的过程中,我也更加有自信……我说话时的语气也是自信满满的……

近朱者赤,近墨者黑。若常和悲观失望的人在一起,我也将会萎靡不振。所以,我要经常与胸怀宽广、自信心强的人接触,我一定也会成为这样的人。多与有志向、有信心的人交朋友吧……

碰到困难时,一定不要放弃,坚持对自己说"我能行!""我很棒!""我能做得更好!"……自信了,会有越来越多的人喜欢我……

(3)由缺乏社交技巧造成的孤独

人的自我评价与孤独状态是互为因果关系的,自我评价低的人不敢进行正常的社交活动,他们怕遭到拒绝,从而陷入了孤独。而孤独反过来又导致了更低的自我评价,因为在一个重视社会交往的现代社会里,自认为缺乏这种能力的人往往会贬低自己。所以要想摆脱孤独,首先必须正确地评价自我。

参 考 脚 本

我想要摆脱孤独,要从进行正确的自我评价开始……自我评价能够促进自我发展、自我完善、自我实现,还会影响我与他人之间的交往方式……

尺有所短,寸有所长,每个人都有自己的长处和短处……有的人也许不解数字之谜,但心灵手巧,长于工艺;有的人或许记不住许多外语单词,但有一副动人的歌喉,擅长文艺……

天生我材必有用,我知道我是很棒的,我有自己独立的见解……虽然在现在的工作中,我还没有做到尽善尽美,但是相比起初入职场的毛手毛脚,我已经好了很多,我能够看到自己的进步,的确是进步了,我为自己的进步高兴……

每天上班的时候,我都保持工作热情,这一点不是所有人

第十一章 孤独

都能做到的,所以我也有值得别人学习的地方,发现了自己的这一优点,我感到很高兴……

对别人,我富有同情心,经常关心别人,看到别人不开心了,就上前问问,然后积极地和别人一起想办法。我真是乐于助人……所以我是一个可爱的人,有些人没有发现我的优点,那是因为他们还不太了解我,时间久了,他们自然而然会了解我的……我相信大家会喜欢我的……

具有孤独感的人不易信任别人,这种人不善于或懒于跟别人进行交流,或者觉得自己内心的感受别人无法体会。其实如果一个人能很好地和人交往,走进彼此内心,就不会有强烈的孤独感。

参考脚本

我要信任他人,勇敢和他人交流。无论在生活还是学习中,每个人总会遇到困难,需要帮助和保护,要得到他人帮助的前提是要信任他人……

为什么现在人与人之间的信任感不强呢?因为我们从前经历的种种事情,导致我们和他人交往的时候往往想到的是保护自己不受伤害,而不是与他人袒露心扉,坦诚相待。家庭环境、周围的社会环境也在误导我们,让我们对外人不敢轻易相信。但是,我要相信,这个世界上还是有很多好人的,有很多热心人,有很多想改变这种环境的人。所以,不要因噎废食,要大胆地走出去，勇敢地和周围人交流……我相信，交流多了，信任感就会加强……

有一句话要谨记在心，"害人之心不可有，防人之心不可无"……在社会交往中，信任是交往的必要条件，而一个身心健康的人绝不是时时刻刻都相信他人的人。那样的相信是轻信，那样的人是天真的、易受骗的人。所以，为了维护自己的利益，一定的怀疑是必要的，它可以使我免受居心不良者的伤害……

总之，我要相信别人，积极扩展社会交往，多参与社会活动，家人和朋友之间更要积极交流……我知道自己是能够做到的……

孤独者习惯于为自己社交不足和人际缺陷找寻合理的解释。他们更容易放弃，或者有可能的话尽量避免人际交往的情境。这种自我强加的隔离减少了孤独者发展社交技能的机会，导致更为消极的自我评价和更多的社交退缩。为了使孤独者在社交中体验到快乐，就必须改变错误的归因方式。

参 考 脚 本

我知道归因方式影响着我与他人交往时的表现，因此我要建立积极的归因方式……

昨晚唱歌的时候走调了，大家都哈哈大笑，我的一次小失误能把大家都惹开心了，是一件值得的事……没什么大不了的，不用觉得丢脸，而且大家今天笑完，明天就忘了，一定是这样的……我喜欢和朋友们一起唱歌，它能使我开心，这就足够了……

下次再唱歌之前，我一定会勤加练习，多听听原音重现，只要拥有基本的乐感，就会唱得得心应手，就是这样的，很简单……我能看到自己在练歌房，气定神闲的样子，一气呵成地唱完一首歌……唱完后，大家都发出了会心一笑，哗哗的掌声响起，我的内心感到很满足，和朋友们一起唱歌就是一件愉快的事……

其他应对孤独的方法

▲ 穿上最爱的旧衣服。穿上一条平时心爱的旧裤子，再套一件宽松衫，你的心理压力与孤独会不知不觉随之减轻。因为穿了很久的衣服会使人回忆起某一特定时空的感受，并深深地沉浸在缅怀过去的生活中，人的情绪也会为之高涨起来。

▲ 观赏鱼类。一项心理学试验显示，当精神紧张的人在观赏金鱼或热带鱼在鱼缸中姿势优雅地翩翩起舞时，往往会无意识地进入"宠辱皆忘"的境界，心中的压力与孤独感也会大为减轻。

▲ 一读解千愁。在书的世界遨游时，一切忧愁、孤独与悲伤便抛诸脑后，烟消云散。读书可以使人在潜移默化中逐渐变得心胸开阔，气量豁达，不惧压力与孤独。

▲ 完善自己。学会克服自己的缺点，不断地完善自己。一

个自命清高的人，往往使人望而却步；恃才傲物的人，往往使人敬而远之；自私刻薄的人，会招人反感。要乐意接受别人的提醒和批评，只有具备了改正自己缺点的勇气和行动，才能吸引朋友来帮助你，从而造就良好的人际关系，有了良好的人际关系，自然就不会产生孤独的感觉。

▲ 自我开放。没有必要整天把自己装扮成一副正人君子的模样。在适当的时候，适当的情境中，我们可以增加自我开放度，向他人吐露心声，暴露自己的缺点与不足，表现出自己个性中的弱点。让别人所看到的自己，不是一个由道德和规范组合而成的木偶，而是一个活生生的、有血有肉的人。

— 第十一章 孤独 —

放松小贴士

11.1 全身放松

放松全身:
- 绷紧你锻炼过的所有肌肉群（见图），方法是使全身颤抖。保持这个紧张姿势2~4秒钟。
- 接着又突然放松身体。
- 这次不用感受：绝大多数人在做完这个绷紧动作以后感觉到精力充沛。站起来，像猫一样舒展肢体。这时会体验到有一股能量在体内流动。

第十二章　强迫

简述强迫

强迫——

- ➢ 一种典型的"心不甘情不愿"。
- ➢ 源于自己内心,非外力所致。
- ➢ 明知不合情理、毫无意义但仍重复出现。
- ➢ 感到不快甚至痛苦,试图克制但不能奏效。
- ➢ 有意识的自我强迫与反强迫,冲突激烈,自相搏斗。

常见的强迫类型有以下几种。

第十二章 强迫

强迫观念

不必要的、重复出现的、很难摆脱而又很想摆脱的思想、表现、恐惧或内心冲动。

强迫行为

不必要的、反复出现的,患者想要控制而又难以抗拒的动作或行为。

强迫思考

对一些无关紧要的、非常抽象的问题所进行的紧张的反复思考,常伴有焦虑情绪。

专栏59 西西弗斯的巨石

西西弗斯因为在天庭犯了法,被大神惩罚,降到人世间来受苦。诸神为了惩罚西西弗斯,便要求他把一块巨石推上山顶,而由于那巨石太重了,每次都尚未被推上山顶就又滚落下来。于是他就不断重复、永无止境地做这件事——诸神认为再也没有比进行这种无效无望的劳动更为严厉的惩罚了。西西弗斯的生命就在这样一件无效又无望的劳作当中慢慢消耗殆尽。

在我们这个纷扰的社会中,存在无数的西西弗斯,他们每天承受着无尽的巨石的折磨。总是陷入一种无意义且令人沮丧的重复想法与行为当中,但是一直无法摆脱它,他们不得不不停地推着"巨石""上山"……

强迫给我们带来了什么

使人内心遭受困扰,个体无力摆脱,引发内心的极大痛苦和不安,影响日常生活和工作。

导致身体免疫力下降,引发感冒发烧等生理病症。

联想、思维、行为的自主性受到损害,产生适应性困难,不利于个体的身心发展。

对自我的生活质量要求过高,与自身显示差距太大,内心会产生强烈的冲突,引发自身的极度不安全感。

自我尊重、自我接纳感降低等。导致生活满意度降低,容易引发人际障碍。

解决问题时容易采取自责、幻想、逃避等应对方式。

使人缺乏自信,对已经做妥的事情缺乏满足感,经常反复思考、事后还会不断嘀咕并多次检查确认,影响日常生活和工作效率。

个体不由自主的思想纠缠,无意义的行为重复,严重影响个体注意力的集中,影响个体的学习能力。

有社交强迫的人热衷在社交场合表现自己,一旦没有社交活动就感到寂寞、恐慌、焦虑不安……

引发继发性抑郁和焦虑,影响到正常的精神状态,严重的导致自杀。

第十二章 强迫

专栏 60　生命中难以承受之"重"

法国女孩洛洛·费拉里是一个聪明的学生,是布雷顿家的宝贝,17岁时,随着年龄的增长,看到身边朋友的脸蛋越来越漂亮,胸部越来越挺拔,她很苦恼,也很自卑。多愁善感的她总是经常自问:"为什么我不如人家?"经过几番周折几番坎坷,强迫心理终于使她下定决心给自己改头换面。于是5年间,她进行了多达25次的胸部和脸型的整形手术。

胸部不是洛洛唯一"人工制造"的地方,她整完了胸部,又对自己的嘴巴感到不满意,做完了脸颊又对鼻梁不满意,做完前额又觉得眉毛长得不好看……浑身上下,无一幸免。在强迫的扭曲心理的驱使下,她终于完成了出头的欲望,也成为"欧洲美乳小姐",她的形象经常出现在舞台和屏幕上。

经过多次手术,她的乳房由37英寸升级到41英寸,再扩展到45英寸,最后以51英寸傲然挺进吉尼斯纪录。经过估计,她的每个乳房重达2.8公斤,成为"世界第一乳房"。然而,手术成功后带来的焦虑、痛苦、煎熬、苦恼也一并伴随着她,病态心理一直驱使着她。2000年3月,她死了。人们纷纷猜测,她究竟是自然死亡还是自杀?

引发强迫的种种原因

管教过严、专制,缺乏民主氛围的家庭教育,容易使孩子缺乏独立性、果断性和灵活性,进而形成固执刻板和强迫的倾向。

遗传因素。家庭成员中有患强迫型人格障碍的,其亲属患强迫型人格障碍的概率比普通正常家庭要高。

家庭气氛不和睦,如成员关系紧张会使人长期紧张不安,最后诱发强迫症状的出现。

意外事故、家人死亡及受到重大打击等也使患者焦虑不安、恐惧、害怕,易诱发与精神创伤有直接联系的强迫症状。

科学实验发现,强迫与大脑的基底核功能失调有关。

遭受强烈刺激或持续的精神压力,容易导致强迫。

有研究表明,B型血型的人容易有强迫倾向。

胆汁质与抑郁质的人会容易陷入强迫的怪圈。

个性好强,要求完美,拘谨,谨慎,细心,过分注意细节的人容易产生强迫。

心理防御机制强,不能及时宣泄负面情绪的人,容易形成强迫。

社会对个体的接纳程度低。如SARS病人在治愈后,由于得不到社会其他人的心理上的接纳,容易产生强迫。

消极的思维方式,容易将问题向消极方面定向,长此以往容易形成强迫。

高度紧张的工作生活节奏和过度的压力,导致强迫心理。

个体遇见的刺激——反应出现过多重复导致焦虑,使中枢神经系统兴奋和抑制失调,从而导致冲动、思维和行动拘泥于固定的行为模式。

躯体健康不佳或长期身心疲劳时,会促进具有强迫性格者出现强迫症。

童年时期的精神创伤也会引发强迫。

……

测查强迫程度

强迫自评问卷

请根据你一周内的情绪体验和实践活动,选择符合自己的状态。

项目	状态					
	没有	很轻	中等	偏重	严重
1. 头脑中有不必要的想法或字句盘旋					
2. 忘性大					
3. 担心自己的衣饰不整齐及仪态不端正					
4. 感到难以完成任务					
5. 做事必须做得很慢以保证做得正确					
6. 做事必须反复检查					
7. 难以作出决定					
8. 反复想些无意义的事					
9. 注意力不能集中					
10. 必须反复洗手,点数					
11. 反复做毫无意义的一个动作					
12. 常怀疑被污染					
13. 总担心亲人,做无意义的联想					
14. 出现不可控制的对立思维、观念					

评分方法：没有为 0 分；很轻为 1 分；中等为 2 分；偏重为 3 分；严重为 4 分。

症状判断：总分低于 20 分，恭喜您！您的强迫倾向在正常范围内。

总分超过 20 分，建议您做进一步的诊断。

你的得分_____

你所处的强迫状态_____

问题清单与解决方案

我的问题清单

（以下清单由读者根据自己的实际情况填写）

强迫程度	强迫自评问卷结果：
自我感觉	对照前文描述及自己的实际感受逐条列出
	例：最近我感到很痛苦，很焦虑。
	1.
	2.
	3.
	4.
	5.

续表

情绪表现	对照前文描述及自己的实际感受逐条列出
	例：我对物品不放在指定地点感到很厌恶。
	1.
	2.
	3.
	4.
	5.
行为表现	对照前文描述及自己的实际感受逐条列出
	例：我的工作效率明显下降，没做多少事便总是分神。
	1.
	2.
	3.
	4.
	5.
主要原因	根据前文描述及自己的实际情况找出自己强迫的主要原因
	例：我太过苛求自己，追求完美。
	1.
	2.
	3.
	4.
	5.

我的解决方案

(以下清单由读者根据自己的实际情况填写)

目标	我意向中的理想状态是什么?
	例:东西随便放在哪里,都无所谓。
	1.
	2.
	3.
	阶段性目标
	在　　年　月　日前,我将达到　　　　状态。
	在　　年　月　日前,我将达到　　　　状态。
	在　　年　月　日前,我将达到　　　　状态。
	在　　年　月　日前,我将达到　　　　状态。
	在　　年　月　日前,我将达到　　　　状态。
	注:目标期望值不要定得太高,也不要太急。
利益	实现上述目标将给我带来的利益
	例:我的工作效率会提高,生活由此而带来积极的变化。
	1.
	2.
	3.
	4.
	5.

续表

认知	我现在对强迫已有了以下新的认识
	例：强迫是自己心理在作祟，战胜它是完全可能的。
	1.
	2.
	3.
	4.
	5.
行动	我将采取下述系列行动以应对强迫
	1. 立即行动，今天就开始。
	2. 学习自我催眠技术，重点掌握 1~2 种方法即可。进行 10~15 天，每天 2~3 次。
	3. 同时根据书中提供的暗示语脚本，结合自己的实际情况，编写属于自己的暗示语脚本以及催眠音乐。
	4. 将自己导入自我催眠状态，进入状态后插入针对具体问题的暗示语脚本，着手解决自己的问题。
	5. 选择其他应对强迫的方法，以协助强迫问题的解决。
	6. 阶段性目标达成后予以自我奖励。
	7. 一个疗程结束后通过自我感受与量表测评确认治疗效果。

应对强迫的催眠暗示语脚本

（1）购物强迫

人们常说"女人的衣橱里，总是少了那么一件衣服"。于是乎，经常见到老老少少的女人三五成伙、两人成对地购物。

购物，对于女人来说，就像呼吸之于氧气，是不可或缺的。随着社会的发展，现代职场中出现了越来越多的"精品女人"。所谓"精品女人"，就是那些拥有高学历、高收入、高职位的职业女性。研究者发现，很多"精品女人"经常无法抑制购物的冲动，陷入了失控的过度购物的旋涡中……

参 考 脚 本

现在，我沐浴在温暖的阳光里，阳光暖烘烘的，我正在体验自我催眠的愉快感觉……对于那些正在侵入脑海的购物的念头或冲动，我对自己说：我正遭受购物强迫的困扰，强迫的念头和冲动纠缠着我。

我感到纠结和困扰是因为我处于一种名为购物强迫的状态。现在，我内心反复出现的念头和不停地购物都是这个状态的表现。困扰我的念头和行为跟我追求完美以及巨大的工作压力直接相关。

现在，我把注意力转向一些有建设性的行为上。我对自己不停地说：这些念头不过是表里不一的假象，我不需要在这个问题上纠缠。多思无益，以后我要绕道而行……做一个深长而悠远的呼吸……我告诉自己的潜意识：以后，每当这种冲动产生的时候，我就转移自己的注意力，跟人聊天，或者看自己喜欢的书，或者站起来去倒杯咖啡……我暗示自己，从今天起，我是一个自由、强大的人，我对自己有完全的控制力……我相信自己的能力，有充分的自律意识……我顺其自然……我的潜意识会帮助我消化这种强迫……我相信,我会成为我理想中的我……

当强迫念头出现的时候,我们也可以采取把这些不良的念头和引起我们痛苦的反应结合起来,这样,会让我们对不良的念头产生厌恶,使其最终消退。

专栏61　嗜购实验

斯坦福大学的一项有趣的研究发现,不仅仅是女人有购物强迫倾向,男人同样也会罹患购物强迫症。大约5%的成年人承认无法抑制购买根本不需要的东西的欲望,区别在于女人比较容易承认她们有购物强迫症。同时,研究还发现购物与人的心情有关。实验中,33个人被分为两组,一组听一个悲惨的故事,再写一篇反省的文章,另一组则听一个平淡的故事,再写一篇一天活动的流水账。然后给所有的参加者每人10美元,让他们用其中一部分去买一个运动时饮水的塑料瓶,并说出他们的心理价位。实验的结果是,听悲惨故事的那组人愿意用比另一组高4倍的价钱购买塑料饮水瓶。

参 考 脚 本

在手腕上套上橡皮圈,记住弹拉时的疼痛感,之后撤掉。

想象现在坐在电脑前,看到淘宝上样式新颖的衣服,强迫购物的冲动袭来。当我准备点击"确认购买"的按钮时,一阵弹拉橡皮圈的疼痛袭来……购物的冲动强迫我点击确认的按钮，正当我再次点击的时候，疼痛感从腕部开始向上蔓延……胳膊……上半身……渐渐的布满全身。现在我集中注意力，认真计数，我感到手腕很痛，我厌恶这种念头带来的疼痛……我终于抵挡不住这种疼痛，放弃购物的欲望，这时，我松开鼠标，便感觉好多了……起身离开电脑，一切恢复如常，我暗暗地想，不买东西，感觉实在太好了……

（2）减肥强迫

在这个以瘦为美的时代，我们很多人都不能接受自己的身材，我们总是羡慕那些在 T 型台上摇曳生姿的瘦高身影，内心里总是暗暗地憧憬自己衣袂飘飘的绝美身姿。于是，我们总是整天都在问自己——我是不是太胖？巧克力蛋糕我能尝一点点吗？要是再发胖怎么办？中午我是不是吃得太多？晚餐吃什么呢？运动量是不是应该再加大……这个时候，我们自己都不知道，我们得了减肥强迫症。

参 考 脚 本

深呼吸……想象自己来到了电梯中……随着电梯的慢慢上升，我在脑海里把自己的减肥观念一一列出来：否定自己的食欲，担心吃得太多会发胖；每次进食之后，又总是后悔自己吃得太多；疯狂的集中性的锻炼身体，以此来消耗体内热量；总是怀疑自己胖……

第十二章 强迫

电梯现在上升到顶楼，望着触手可及的白云，一阵轻松……深呼吸……在脑海里，我反复地问自己：否定自己的食欲有用吗？有科学依据支持吗？没有，这种想法只会让我的肠胃失调，而且不符合科学依据……科学家都说了，保持每餐八分饱以及合理的膳食结构就会保持好身材……如果一直否定食欲，那我的身材会变得苗条吗？我想象到，每次否定之后，我都大吃特吃，我发现自己的肠胃蠕动越来越慢，脂肪堆积得越来越多……我突然一个寒战……

深呼吸……这时，电梯在缓缓地往下降落……我想象自己一直疯狂地集中地锻炼，没有专业教练的指导，身上全部是肌肉，再也没有柔和的线条美……不，这不是我想要的苗条……报纸杂志也明文刊登，循序渐进的锻炼比高强度的集中性锻炼效果更好……

电梯降得越来越低，我的心里越来越清晰……对于减肥我越来越清楚自己要想些、做些什么……想象自己做一些柔和的瑜伽，循序渐进的有氧训练，配合合适的膳食调理……我的脑海里出现了一个温婉婉约、亭亭玉立的身影……我想象自己的新形象站在面前，越来越近地审视这个新形象，我看得越来越清楚，它跟我本人一样大小……那就是我啊……电梯已经抵达底部，一阵悦耳的铃音把我唤醒……

参 考 脚 本

现在，我到达自己内心的秘密花园，感觉到周围繁花似锦，盛夏的阳光温暖地照在我的背上，我的意识漂移到更深的催眠状态中……

我知道我现在有强迫的观念和心理。我经常觉得自己胖，然后总是一遍一遍地反复询问："我是不是太胖？要是再发胖怎么办？中午我是不是吃得太多？"以前我对自己脑子里的强迫的减肥念头感到痛苦和不可思议……现在，我想象自己是一个局外人，对它们说："念头，你在闹腾是吧？好吧，你闹腾吧！你想怎么折腾就怎么折腾吧，我不管你了，我不赶你，不干涉你，随便你，你干你的我干我的，我和你保持距离，我们和平共处。"……

紧接着，我想象自己来到了体重器上，看到指针所指的数字，减肥的冲动在我的内心出现……我意识到它的存在，但我不去采取任何行动……我看着这股冲动在自己的脑海里飞来飞去，就像天边的云朵一样，飘啊飘啊……但我懒得理它。渐渐地，我控制不住这种强迫了，这时我开始运动……我看着自己慢慢地走近跑步机，慢慢地看着卡路里在一点一点地增加。当跑完后，回头观察自己内心"嫌自己胖"的念头情绪或冲动存在……我慢慢地接纳吸收它，如果它依然强烈，我对它说："好吧！不就是减肥吗？听你的，我就再去运动。"可是，我不可思议地发现，这种冲动却瞬时减缓了许多。

其实，很多时候，我们并不是在嫌自己胖，而是嫌弃我们自己，我们用外在的形象表达对自身的不满意，这时，我们就

第十二章 强迫

要学会用自我催眠增加自我满意度。

参考脚本

想象理想中的形象站在自己的面前,离我越来越近。这个形象变得越来越真实,我看得越来越清楚,想象自己进入这个形象里面。这时,我会发现自己和这个形象恰恰般配。

在这个身体形象里来回走动,感受它带给自己的自信和满意,从中吸取我想要的品质、力量和健康(包括任何你想要的)。我知道自我催眠可以帮助我成为一个非常自信的人。不停地对自己说:"不要紧,不要在乎我是谁,不要在乎我的背景、智力、长相、身材,只要做好自己就可以了,我相信自己,相信自己有能力能够去解决任何问题,我对自己的形象感到很满意。"

(3)洁癖

洁癖是一种把正常卫生范围内的事物认为是肮脏的,且感到焦虑,强迫性地清洗、检查及排斥"不洁"之物的强迫症状表现。

过分追求清洁卫生似乎成了现代社会文明发展的一个标志,如日本人的好洁成癖举世闻名。身在都市中的我们,有很多人有这样一种毛病:做完一件事就觉得手脏了,心里很不舒服,非要洗一定时间或一定次数,如果不过分清洁便会感到不安,害怕自己如果洗不够,一定会得病,且洗涤成为强迫性的、无法控制的。"洁癖"的做法貌似卫生，殊不知，"洁癖"除了令人精神上焦虑、紧张之外，过度的清洁亦剥夺了我们的天然抗病能力，导致免疫力低下，让自己离健康的"绿灯"越来越远……

参考脚本

我现在处于这深刻的放松状态中，我可以在我的潜意识深处输入可以给自己带来任何改变的愿望……

我是一个强大、自由的人，现在处于一个和谐平衡的状态中，我可以一劳永逸地消除强迫。我的强迫没有什么大不了的，一定能够治愈。回家洗手是正常的，但洗一遍就够了，没完没了的洗手我知道是不必要的，谁也不会把手洗个不停，因为那是毫无意义、没有必要的。毫无意义的事就应该停止去做，其他人办得到，我也必定能办到……

我是一个有毅力的人，反复洗手本来也是一种毅力的表现，只是我把这种毅力用在了不必要的事情上面，这样当然会带来痛苦，我现在应该把毅力用在克服反复洗手这种毫无意义的行为上，我一定能够做到，这样我就会感到心情愉快……

想象自己外出买东西，现在回家了，用自来水随便地洗了一下手，马上擦干，我根本不想再洗第二遍手，我感到如果再去洗一遍是可笑的……我很愉快，我的强迫症状已完全消失了，以后再也不会反复强迫洗手了……清洗之后我的情绪非常积极乐观，精力充沛，我的强迫正在慢慢地远离我。

― 第十二章 强迫 ―

参 考 脚 本

我来到了一处松软的草坪上,清新的泥土气息把我带到了自我催眠的愉悦状态中……我的肌肉一寸寸地舒缓放松……

在脑海里,把自己最易引起洗手的刺激情景按照程度高低一一排列:

1级:触摸家中书桌旁的易积尘处

2级:乘公交时触摸扶手

3级:自己的手和衣服被污染物弄脏

……

现在想象自己来到第1级情境中——书桌旁,触摸书桌的角落处,深呼吸……躯体的不断放松,带来了精神上的放松,这个书桌伴随我度过了每一个夜晚,我在这张书桌上完成了难以数计的作品,它给我留下了很多难以忘却的记忆,我对它感到很亲切……

接着,思绪把我带到了第2级情境中——公交上触摸扶手……我似乎能感觉到细菌在肆意地飞舞着,强迫清洁的冲动来临时,我便把意识集中在体验肌肉的放松上,体验内心的平静,慢慢地,我不再难过和纠结……

带着放松的心情来到了第3级情境——自己的手和衣服被污染物弄脏……我看到自己的衣服和手完全看不出一点干净的地方,布满灰尘和脏兮兮的污渍……我很紧张……我非常想洗手,把自己弄干净,几乎控制不住这种冲动了……这时,思绪把我带到了第 2 级情境中,我慢慢地深呼吸……继续放松训练,感觉身体肌肉的放松……想象自己正在做一些缓和这种强迫的事情,如绘画,看书,听歌……我知道,自我催眠会帮助我远离洁癖,所以我不用太过紧张焦虑……慢慢地,我觉得一切都很正常,清洁的冲动没有刚才那么强烈了……于是,我轻快地踏入第 3 情境,发现自己的精神力量和心理能量异常强大,强迫已经不能再左右我的思想了,我变得无条件地热爱自己,接受自己,自律意识得到了提高,我没有因为不洗手而觉得难过……

其他应对强迫的方法

▲ 药物治疗能帮助心情放松及调适生活压力,但是要在医生的指导建议下进行服用。

▲ 中医疗法。往往采取让患者宣泄喜怒哀乐的方法进一步控制强迫观念。

▲ 运动疗法。选择适当的操练方法,进行有氧运动,能够缓解焦虑及压力,进而调动中枢神经系统对全身各系统的调节。

▲ 放松疗法。通过改变躯体的反应,情绪也会发生变化。根据患者的爱好聆听不同音乐原则上也是属于放松疗法。

▲ 高压电位疗法。是近年来欧美、日本等国家的医疗机

— 第十二章 强迫 —

构广泛使用的一种治疗技术,被称为"绿色疗法"。通过细胞带电离子、偶极子的定向移动,调整人体内环境,从而调整免疫—内分泌—中枢神经的功能。

▲ 音乐疗法。根据自己的爱好选择自己喜欢的音乐,能够缓解紧张情绪,舒缓压力,进一步减轻强迫倾向。

第十三章　疑病

简述疑病

疑病——

> ➢ 一种神经症性心理障碍，一种负性的"心想事成"。
> ➢ 主要表现为对自身健康的过分关注，导致害怕或相信自己已患有严重疾病的先占观念。
> ➢ 对自身的正常感觉或不适作疑病性解释或疑病观念，虽经重复检查未发现任何相应躯体疾病，仍不能打消其疑虑。
> ➢ 疑病性神经症不同于疑病妄想。后者是精神病的一种症状。

第十三章 疑病

专栏 62 杯弓蛇影

汉朝的时候,有一个小吏,名杜宣,被邀到上司应郴家作客。饮酒时,"北壁有赤弩,照于杯中,其形如蛇"。杜宣害怕,但又不敢不饮。回家即病,久治不愈。上司应郴知道后,又请杜宣到他家中,"于故处设酒,杯中故复有蛇"。经过应郴的解释,杜宣顿悟,病即愈。

疑病给我们带来了什么

疑病患者总是担心自己的健康,终日心系"疾病",占用大量的时间和精力。

容易引起精神痛苦,衍生不良情绪,终日伴随患者的只有焦虑、恐惧、紧张、烦躁、抑郁和无奈。

带来躯体不适,经常出现睡眠障碍,很容易导致植物神经紊乱,继而导致心悸、胸闷等。

人际关系不和谐。由于疑病,个体在人际交往中常漫不经心,影响人际交往。

干扰正常生活,打乱工作秩序,影响工作效率和工作积极性。

加重经济负担。

加速身体机能的退化,加快衰老。

影响家庭的和谐稳定,破坏家庭和睦。

削弱大脑对外界刺激的适应能力，造成机体抵抗力下降，易引发疾病。

……

专栏63　加速衰老

心理学家称，疑病往往会导致老年人的衰老加速。这是因为老年人害怕衰老的核心往往是恐惧死亡。这种心理常常令老人惧怕谈论死亡、不敢探视患病的人、怕经过墓地或听到哀乐，甚至看见一只死亡的动物也备受刺激，不敢正视。

这种对死亡的强烈恐惧外延后，使得一些老人因身体有病而多疑，即便自己只是有些轻伤小恙也总以为无药可医。这种疑病倾向可令其对衰退的身体机能极度敏感，精神倍感压力，从而更加剧了心理上和生理上的衰老趋势。有些老人心理较脆弱，因为无法承受疑病发作时所带来的对某些重症绝症的恐惧感，既无奈又惧怕，这种心态假如不及时调整，很容易引起抑郁。

引发疑病的种种原因

大脑皮层弱化，兴奋抑制失调，内感受器的易感性增高等生物学因素都有可能导致疑病的产生。

生活环境的改变。如家庭产生矛盾，婚姻破裂，人际交往减少，子女分离等都会影响生活稳定性。特别是离退休人员，由于"空巢期"的出现，缺少精神寄托，心理功能弱化，容易

第十三章 疑病

产生疑病。

医源性影响。医生错误的诊断，对病情的不恰当解释，不当态度，导致病人产生疑病倾向。

压力过大。个体在沉重的工作和就业等压力下，不堪重负，会产生"逃避心理"，而生病恰恰成为一个最好的借口。

社会文化的影响。社会总是对病者产生一种谅解、同情、呵护的心理，病者总是会受到特别优待。即使做错事情，也会豁免一定的社会责任，这些都会导致"无病呻吟"。

医学知识普及力度缺乏以及错误的宣传。医学知识普及不全面，商业性的宣传产生"误导作用"，诱使个体产生疑病心理。

易感素质。性格敏感、孤僻、多疑、内向，过分关注自我以及完美主义倾向的人容易"庸人自扰"。

自我暗示。个体由于过往曾患过某种疾病，虽已治愈，但在心理上留下阴影，会在日常生活中不断给予自我暗示，这也会强化疑病的意识。

心理需要。有时候，人会为了博得其他人对自己的关注，满足自己的心理需要，产生病感体验。

心理防卫机制。心理学家指出，疑病实际上是由于个人无法应付困难而产生的退缩行为，这样可以减少焦虑和愧疚。可见，疑病也是自我保护意识在作祟。

固执心理。疑病患者认知失调，他们的信念与现实冲突之间的矛盾难以调和，因此他们总是会寻求难受感觉来恢复心理平衡。

早年经历。个体在童年时缺乏关爱、亲人意外死亡等，这些不幸经历对患者造成了心理创伤，诱发疑病。

……

专栏64　疑病新发现

科学界已经对关于疑病致病机制有了最新发现。科学家经过研究发现，精神刺激使大脑产生"脑毒素肽"引发神经紊乱，正是这种紊乱促使患者疑病素质的形成。

美国普林斯顿大学医学研究院诺贝尔医学奖获得者费舍尔教授研究发现：个体在遭受到精神打击、挫折、失败、长期紧张、心情不好等情况时，脑神经会产生大量代谢废物——神经肽、缓激肽，这些废物氧化后，会转为毒性很强的淀粉样肽——费舍尔教授称之为"脑毒素肽"。

据费舍尔教授解释，脑代谢毒素会损害神经细胞膜，引起神经递质分泌紊乱，导致神经功能失衡，从而引起一系列神经紊乱症状，这也就解释了为什么疑病症患者总是感到身体上或这里或那里存在不适感。科学家称，这个研究发现为治愈疑病症提供了新的科学依据。

测查疑病程度

疑病自评问卷

请你根据最近一两个月内的情绪稳定性，通过下表的测试，判别自己的疑病倾向程度。

第十三章 疑病

表一

问　题	是	否
1. 你是否食欲不佳?		
2. 你的皮肤非常敏感和怕痛吗?		
3. 你是否时常感到头脑发晕?		
4. 你是否有时感到面部、头部、肩部抽搐?		
5. 你很担心自己有病吗?		
6. 即使你认为自己仅是着凉了,也一定要去看病吗?		
7. 你是否常感到精疲力竭?		
8. 你被认为是一个体弱多病的人吗?		
9. 你家里有一个小药箱来保存你以前看病剩余的各种药物吗?		
10. 你非常担心你的健康吗?		
11. 强烈的痛苦和疼痛使你不可能把注意力集中在你的工作上吗?		
12. 你是否经常为难以忍受的瘙痒而烦恼?		
13. 你的身体健康吗?		
14. 你的家人是否多有肠胃不适的毛病?		
15. 当你不舒服时,别人是否表示同情?		
16. 你长期便秘吗?		
17. 你曾经得过神经衰弱吗?		
18. 你常感到心悸吗?		
19. 你总是担心家里人会生病吗?		
20. 甚至在暖和的天气里你也时常手脚冰凉吗?		
21. 你常感到呼吸困难吗?		
22. 如果你得了感冒,是否马上上床休息?		
23. 早上你是否常看看舌头的颜色?		
24. 你每天都称体重吗?		
25. 你是否常常为噪音而烦恼?		
26. 你是否感到有块东西堵在喉咙里?		
27. 你有忽冷忽热的感觉吗?		

283

表二

问 题	是	否
★1. 你是否总是感觉良好并精力充沛？		
★2. 你是否比多数人更不容易头疼？		
★3. 你是否认为因轻微的不舒服，如咳嗽、着凉、感冒去看病是浪费时间？		

评分标准：

表一回答"是"得 +1 分，回答"否"得 –1 分；

表二回答"是"得 –1 分，回答"否"得 +1 分。

症状判断：

把表一和表二所得分相加，分数越高，说明有疑病倾向的可能性就越大，反之越小。

你的得分_____

你所处的疑病状态_____

专栏 65 庸人自扰

有个哲学家闲来无事，一日在一片瓜地里寻思："西瓜长这么大，但它的瓜秧为什么却如此细？"

一个牧师路过此地，说："这是上帝的事啊，怪谁呢？"

哲学家说："哎呀，上帝当时不知道是怎么想的，他可没把这西瓜安顿好！要是我的话，我会把它挂在一棵橡树上，树果相配，应该如此。"

牧师说："上帝所安排的一切，都应该是完美的。"

哲学家说："可眼前这颗还没有麻雀蛋大的橡栗怎么不长在

西瓜藤上呢？上帝造物时肯定弄错了！这些果实如此生长，我越瞧越觉得别扭。"

牧师无语。哲学家见没人搭理他，就躺在一棵橡树下睡着了。

这时一颗橡果掉下来，砸在哲学家的鼻子上。他痛醒了，用手往脸上一摸，糟糕，鼻子被砸伤了。

"嗨，怎么样？"牧师说："你的鼻子被砸出了血！要是树上掉下一个更重的东西，如果是西瓜，那你可就惨了。上帝是不会看着这种事情发生的。现在你懂了么？"

"是，是，是！"哲学家边捂着鼻子边往家走，不停地嘀咕着："上帝所造的一切都是对的！"

问题清单与解决方案

我的问题清单

（以下清单由读者根据自己的实际情况填写）

疑病程度	疑病自评问卷结果：
自我感觉	对照前文描述及自己的实际感受逐条列出
	例：我身上时不时地疼痛，我担心自己得了癌症。
	1.
	2.
	3.
	4.
	5.

续表

	对照前文描述及自己的实际感受逐条列出
情绪表现	例：我每天总是生活在担心和害怕之中。
	1.
	2.
	3.
	4.
	5.
	对照前文描述及自己的实际感受逐条列出
行为表现	例：我魂不守舍，没事总喜欢往医院跑。
	1.
	2.
	3.
	4.
	5.

第十三章 疑病

续表

	根据前文描述及自己的实际情况找出自己疑病的主要原因
主要原因	例：我外婆是得食道癌去世的，所以我总是很害怕自己也得癌。
	1.
	2.
	3.
	4.
	5.

我的解决方案

（以下清单由读者根据自己的实际情况填写）

	我意向中的理想状态是什么？
	例：身上一点小病小痛，我完全不放在心上。
	1.
	2.
	3.
目标	阶段性目标
	在　　年　月　日前，我将达到　　　　　状态。
	在　　年　月　日前，我将达到　　　　　状态。
	在　　年　月　日前，我将达到　　　　　状态。
	在　　年　月　日前，我将达到　　　　　状态。
	在　　年　月　日前，我将达到　　　　　状态。
	注：目标期望值不要定得太高，也不要太急。

续表

利益	实现上述目标将给我带来的利益
	例：不再魂不守舍，生活充满激情。
	1.
	2.
	3.
	4.
	5.
认知	我现在对疑病已有了以下新的认识
	例：疼痛是正常人的"不正常"表现，不需要太过担心。
	1.
	2.
	3.
	4.
	5.

续表

	我将采取下述系列行动以应对疑病
行动	1. 立即行动,今天就开始。
	2. 学习自我催眠技术,重点掌握 1~2 种方法即可。进行 10~15 天,每天 2~3 次。
	3. 同时根据书中提供的暗示语脚本,结合自己的实际情况,编写属于自己的暗示语脚本以及催眠音乐。
	4. 将自己导入自我催眠状态,进入状态后插入针对具体问题的暗示语脚本,着手解决自己的问题。
	5. 选择其他应对疑病的方法,以协助疑病问题的解决。
	6. 阶段性目标达成后予以自我奖励。
	7. 一个疗程结束后通过自我感受与量表测评确认治疗效果。

应对疑病的催眠暗示语脚本

(1) 癌症疑病

到目前为止,癌症还是人类的不治之症。当身边的人因为癌症远离我们时,我们总是在伤心绝望的同时又滋生恐惧,即癌症＝绝症＝死亡。有些性格敏感的人因对癌症有恐惧心理,容易往自己身上"揽病",他们会将身体上出现的任何不适都看做是癌症的前兆,然后惶惶不可终日……

参 考 脚 本

现在,我处于催眠中舒服安逸的状态……在美丽的阳光下,我的身体很轻松，呼吸很缓慢，很均匀，我似乎一点都感觉不到身体的疼痛了……

慢慢地，我来到了一个黑暗深邃潮湿的岩洞里，在这里，我能听到水流缓缓流淌的声音，我惊奇地发现这里有平滑光洁甚至泛着光泽的岩石……哦，我知道了，这就是我的身体内部啊……原来我的身体是这样的干净，这样的健康……其实，所有的检查结果都证实了这一点……医生说我没有癌症，也没有癌症的任何迹象……我知道他们说的是对的……我以后也会安心了……因为我在医生的扫描图片里看过肿瘤的样子，它是那么的粗糙不平，没有光泽，有的地方甚至都能磨手……现在，我知道了，它是不存在的……

现在我坚信这点了！过去自己感觉到这儿痛那儿痛、这儿不舒适那儿不舒适，都是自己太敏感的缘故。其实任何一个正常人都会有这样的现象，这不是病，是一种正常人的"不正常"现象，会很快过去的。我今后不去想它了，不舒适的感觉就会消失了。

我继续往前走，现在我已经感觉到舒适多了，也不再为此而烦恼了，我对自己的健康充满信心。不远处，是一道明媚的光线，穿过岩洞，我来到了一处花园，繁花似锦，小鸟儿围着我轻快地歌唱……以后，每当相同的感觉出现，我的潜意识都会暗示自己，我的身体是健康的，我身体内部是干净清澈的……

― 第十三章　疑病 ―

癌症疑病患者当感觉到身体某个部位疼痛不适的时候，他们的思维就立即联系到去世的亲人，这样的负性自动加工想法导致了疑病素质和疑病观念的进一步加强。因此，我们必须要打破负性自动加工想法的障碍，塑造正面的积极自我暗示。

参 考 脚 本

（以胃癌为例）我想象自己坐在小船上，在湖中慢慢地划，在阳光的沐浴下，我把手伸进凉凉的湖水中，听树上的鸟叫声，闻到玫瑰花的香味，感觉温暖的阳光，感觉清凉的微风温柔地吹拂着我的头发，头发挠在脸颊，痒痒的……

记忆瞬间拉长，清晰地记起外婆经常喊胃痛胃痛，清晰地回忆起医院的检查结果——胃癌，可怕的癌症……

又一次回到外婆离开的那天，脑海中那伤心欲绝的场面再一次浮现在眼前，想到最爱的外婆那慈祥的面容，不禁一阵悲从中来……从此，每次胃痛就会想到外婆，一阵后怕……

用此刻无比放松、毫无戒备的心灵去感受，我的潜意识告诉我，自己疑病的源头——我难以接受这种失去亲人的悲痛，我害怕遇到死神，因为亲人们会为你哭泣，会悲痛欲绝……其实，胃痛是自己的作息时间和饮食规律的原因，因为工作压力，我总是吃不到热饭，有时，又爱暴饮暴食，这样，胃肯定会提出自己的"反对意见"，并不是每一个胃痛的人都跟外婆一样。

这些积极的想法如一股暖流一样，洗刷着我的内心……我感到一直紧张的自己仿佛被放气的气球一样，慢慢地松弛……

松弛……

（2）心脏病疑病暗示

有些人因心脏负荷过重，生活缺乏规律，精神上受打击等影响，经常能够体验到心脏不适，如感觉心脏跳动不规律，甚至觉得血液流动异常等，于是，他们怀疑自己得了心脏病，反复到医院做体检。虽然检查的结果正常，但心理的阴影却挥之不去。

参 考 脚 本

一股暖流从我的额头流入我的大脑……大脑一阵温暖舒适……身体内部都开始联结疏通起来……

我在心里把自己对心脏病的疑病程度按程度轻重排列"疑病等级"……

1级——我有时感到疲劳，心悸，胸闷气短，我怀疑自己得了心脏病；

2级——有时感觉心跳不规律，我怀疑自己得了心脏病；

3级——有时，我的胸突然一阵疼痛，心跳突然停止跳动了；

……

现在，我开始想象自己疲劳和心悸……有些紧张……我觉得自己不能呼吸……一会儿之后，我慢慢地……慢慢地……呼吸，越来越深长地呼吸……暖流随着呼吸由大脑进入我的身体，

第十三章 疑病

我的身体感到一阵暖和，肌肉随着呼吸慢慢地放松……我发现自己呼吸顺畅，没有任何异常……我知道，是我平日里太劳累的缘故，以后，我会按时休息……

接着，我想象自己心跳不规律，我的脉搏时快时慢，我感到自己都不能控制它的跳动了……我觉得自己很害怕……我深呼吸，想象自己来到了一汪湖水前，湖水清澈见底，我美丽的身影倒映在湖水中……我把手伸进湖水，慢慢地呼吸，开始全身心地放松……湖水轻轻地通过手指，洗涤我的心灵……我觉得心脏在安静稳定地跳动着……跳动着……我感到我的心是强大的、正常的、放松的……一点都不像平时那样不规律……

随着湖水的流动，我想象心脏突然停止跳动，这时，我感觉到肌肉异常紧张，我甚至体会到了濒死的感受……就在这时，暖流慢慢地流入我的心脏，很缓慢，很舒服，我感觉到心脏和血管紧紧地依附在一起……我不再害怕……我感觉到心脏的血液在加快流动，暖流把血液里面的毒素都冲走……我的身体越来越放松，告诉自己不再紧张，不再害怕，没什么大不了的……我的心脏又开始正常地工作……

……

森田疗法认为治疗疑病的着眼点在于陶冶疑病素质，打破精神交互作用，消除思想矛盾，"顺应自然"和"为所当为"。

参 考 脚 本

我来到了一处清澈的山泉旁,倾听溪水悄悄流过的声音,叮咚叮咚闪过的音乐再一次将我带入自我催眠的轻松状态中……

我知道,我患上了心脏病疑病,现在鼓起勇气,面对现实:我纯粹是在"无病呻吟"——我并没有身体上的疾病,而是心理上有问题。我顺其自然,接受自己害怕生病、畏惧死亡、逃避现实压力的各种想法和观念,对自己不断地说:"不再排斥这种这种感觉。"

这种感觉和想法虽然让我痛苦,但我选择"忽视"自己对于疾病和死亡的恐惧,"忽视"对压力的逃避,随它去吧……古语有云"福寿康宁,固人之所共同欲;死亡疾病,亦人所不能无",生和死是这个世界的正常规律……相反,我会把自己的精力放在工作和生活上,去做一些积极有建设性的事情,如去户外踏足,积极参加社交,办一张健身卡去运动……尽我最大的努力释放内心的压力和恐惧,减少孤独、空虚和消沉感……努力地培养多种兴趣爱好,让自己的情绪变得豁达、乐观,精神生活更加丰富……慢慢地,疑病情绪就淡化了。

(3)性病疑病

由于中国传统历史文化的影响,大部分人总是戴着有色眼镜看待患有"花柳病"的人,他们认为得这种病的人都是一些

第十三章 疑病

"不检点""不正常"的人，于是，就戴上了鄙视这顶帽子。而性病患者也害怕别人知道自己的过去而产生自卑感，总是心里感到抑郁，有时候，更加畏惧家人的鄙弃，引起家庭纠葛。特别是那些曾经真的有不洁性交史、与性病患者有过"亲密接触"者或者是曾经有过性病治疗史但怀疑自己没有根治的人群，他们深陷恐惧、烦躁、焦虑、自卑等情绪中无法自拔，总是担心自己的身体健康，忧虑自己的"性病"是否传给了伴侣，或者被伴侣发现后是否会产生家庭矛盾。

参 考 脚 本

现在，我很放松，很放松……我想象自己仰卧在水清沙白的海滩上，沙子细而柔软，阳光暖暖地照在身上，耳边传来海浪轻轻拍打海岸的声音，思绪随着节奏飘荡，涌上来又退下去，感到一阵说不出的舒适……我的头很轻松……我的脖子很轻松……我的手臂很轻松……我的腿脚很轻松……整个人的心灵变得很平静……

思绪把我过去的一幕幕呈现在眼前，我有过不洁性史，因此感染了性病……虽然医生说已经痊愈了，但我总是疑神疑鬼的……担心自己没有痊愈……想到这，我不禁一阵紧张……其实，我知道我老是怀疑自己没有痊愈是不合适的……怀疑给我带来了什么好处吗？没有，相反，它总是让我庸人自扰……它让我总是担心会传染给我的爱人……害怕她会因此而看不起我……

既然怀疑没有用，那我何必在这个事情上反复纠缠呢？我告诉自己：这是因为我担心失去爱人，而过度延伸了，这是一种不合理的情绪和想法……

既然这样，那我以后就需要换一种思维来思考……

如，我现在很洁身自好，每天中规中矩地生活，做到了自尊、自爱……我相信医生的判断，他说的是科学的……我的爱人现在身体也很健康，没有任何问题……所以我压根就不需要怀疑，不需要担心……

以后，只要身体再有不舒服的感觉，我就暗示自己，这一切都是自己多想了……我会拍桌子或者拍手掌，让自己的思维停顿下来，提醒自己，让自己过得更开心……

其他应对疑病的方法

▲ 药物治疗，但是需在医生的指导下进行药物的服用。

▲ 适当运动可以有效地缓解疑病症状，如一些娱乐治疗，体育锻炼，转移注意力，逐步摆脱疑病观念，增强自信心。

▲ 针灸疗法。即用针刺、艾灸的方法在人体经络及经外腧穴施以一定的手法，以通调营卫气血、调整经络、脏腑功能而治疗相关疾病。

▲ 听一些缓和、安静的音乐，通过音乐进行躯体的放松，促进肌肉松弛，也使精神放松，心情愉悦，使你积聚的压力得到释放，有效地缓解疑病心理。

第十三章 疑病

专栏66　转移的妙用

　　清代名医叶天士,曾经遇到过一个红眼病人,患者终日忧心忡忡。叶天士仔细诊断后对病人说:"你的眼病要治好,只需吃上几副药就行了。但你的脚七天后会长出毒疮,弄不好可能有生命危险。"那人一听,大惊失色,赶忙请叶天士介绍防治毒疮的方法。叶天士要他连续按摩脚底七天。病人照办了,果然脚上没有长出毒疮,红眼病也好了。后来当他前去道谢时,叶天士笑着说:"老实告诉你,脚底下要生出毒疮是假的。我见你得了红眼病忧虑万分,而这种病恰恰与怀疑有关,不祛除你的心病,眼病就治不好。叫你按摩脚底是分散你的注意力,因而你的眼病也就好了。"

▲ 增加与外界的沟通和交流,敞开自己的心扉,多参加社会活动,去郊外踏青,会有效地改善身心症状。

第十四章　抑郁

简述抑郁

抑郁——

> 抑郁指在引起消极情绪的情境得以改善之后，个体仍表现为沮丧、灰心、无望，对周围的事物和生活缺乏兴趣，并伴有自卑和自责感，甚至有自杀念头。

> 不能把所有的消极情绪都看成抑郁。如果我们所面临的情境非常恶劣，由此而引发种种消极情绪，这是正常反应，不是病态。当恶劣的情境已经过去，个体还继续消沉，情绪不良，那才能算是抑郁。

第十四章 抑郁

专栏67　转移的妙用

医学界估计，德国每年至少有8万人受到冬季抑郁症的困扰。加拿大多伦多大学的研究人员对100名测试者进行了为期4年的调查。通过扫描观察大脑中的化学物质在一年中是如何变化的，结果发现一种蛋白质在光照不足的季节表现极为活跃，在秋季和冬季，它在人脑中对脑神经中的信使物质——5-羟色胺进行"清扫"工作，这种物质的减少和光照不足则是得冬季抑郁症的原因之一。

抑郁给我们带来了什么

胃口不及以前，食欲减退，体重明显下降。

睡眠质量下降，容易惊醒。

感觉精力不如从前，身体疲惫，四肢酸软。

情绪低落，闷闷不乐，无精打采。脾气变坏，容易生气发怒。

对大部分事情失去了兴趣，懒得做事。

记忆力也变得很差，容易遗忘。回忆起来的事情，多半是消极和令人不快的。

感到生活变得空虚，生活中没有什么快乐的事情。

过去比较容易应付的事情，现在可能产生莫名其妙的恐惧。

活动减少，常常发呆。

懒得说话，即使开口也是有气无力，说话声音小。

快乐感明显减少，对不快乐的感受与日俱增。

不信任他人对自己的积极态度。

对未来的看法变得悲观、消极。

变得脆弱，面对逆境或挫折变得不堪一击。

缺乏价值感，感觉不到自己的价值所在。

因为一些无关紧要的事情而内疚、自责。

无助感，即无能为力的感觉。

对待他人的方式发生了变化，与他人正向的交往减少，而冲突却不断增多。

发现自己无法集中精力去做任何事情，包括看书和看电视。

想做点什么，却不知道该做什么，四处走动，紧张不安，难以放松。

……

专栏 68 《阿凡达》让人抑郁

有报道称，卡梅隆的 3D 特效使得《阿凡达》的部分影迷沉迷于电影中的虚幻世界不能自拔。许多影迷表示，因为不能真正生活在《阿凡达》中的潘多拉星球感到忧郁，部分影迷甚至产生了自杀的念头。

心理健康专家斯蒂芬博士说："虚幻的生活永远都是虚幻的。但《阿凡达》的特效确实是我们创建虚拟生活的巅峰之作，它使得人们感觉与虚拟的乌邦托世界并不那么遥远，并使得人们更深地感到现实的世界极不完美。"

— 第十四章 抑郁 —

引发抑郁的种种原因

（1）基因

有些人天生具有抑郁的易感性。研究表明，如果双生子中的一个患有抑郁症，另一个出现抑郁的概率则远高于普通人群。并且，抑郁程度越严重，共同患病的概率就越大。而对于异卵双生子，这种共同患病的概率虽然也高于普通人群，但是低于同卵双生子。

（2）负性生活事件

家庭成员死亡，如丧偶，子女或父母去世。

与配偶或恋人感情破裂。

离婚或失恋。

被解雇，失业了。

子女行为不端。

子女学业、就业困难。

家庭成员刑事处分。

中额或大量借贷。

婚外两性关系。

自身或配偶患有慢性疾病（如长期的慢性疼痛、糖尿病等）。

财产的损失或遗失。

与好友决裂。

与上级产生冲突。

与同事矛盾重重，纠纷不断。

法律纠纷。

流产。

性生活障碍。

专栏 69　抑郁的女性渴望更多的性爱

墨尔本莫纳什大学的萨布拉·阿伦博士经研究发现，与快乐女性相比，精神抑郁的女性更加渴望性爱，因为这会让她们觉得更有安全感。因为精神抑郁者会对自己与伴侣之间的关系产生一种不安全感，担心对方不在乎自己，或是认为自己不重要。而性生活则能给她们带来亲近感和安全感。

（3）思维方式

负性自动思维。有的人遇事总是立刻想到消极的一面，就像一直戴着一副有色眼镜看问题，所有的光明都被滤掉了，所以这样的人看世界就是黯淡无光的，是灰色的。

自我中心思维。这种人认为自己看事物的方式就应该是其他人看事物的方式；其他人应当遵守与他相同的价值标准与生活准则。否则就会非常生气。

"全或无"的思维方式。认为一件事要么就是全然成功，要么就是彻底失败。

选择性抽取。倾向于抽取一个事实或观念,来支持他的消极思维。貌似听了别人的意见,实则是自己心里想这么做。

灾难化。习惯于把一件事夸大,使之变得很可怕。

专栏70　夜晚加班易抑郁

夜班族由于工作性质的原因,经常要在晚上加班赶写材料,有时甚至要工作到凌晨。时间长了,就会出现精神恍惚,晚上失眠,做噩梦,一想到无休止地加班就异常烦躁不安。随着工作时间的延长以及工作压力的增加,一些夜班族患上了"夜抑郁"。职场加班族应关注自己的心理问题,多利用休假、旅游或交友等方式培养新的生活习惯,转移注意力,避免抑郁成疾。

(4) 个性方面

自卑心理。认为自己处处不如别人。

自责心理。总是主动承认错误,承担别人的责任,并且妄下结论,认为一切坏的结果都是由自己的过失和无能所致。

(5) 职业类型

某些特质的工作容易引起较大的压力,从事这些行业的人们较易产生抑郁。一般来说,这些职业具有如下特质。

缺乏社会认同感,社会价值观评价等级较差。

需要频繁调动工作地点以及工作内容。

具有时间紧迫性及人际竞争性。

缺乏共同承担压力及责任的同事。

作息时间不正常。

专栏71　女性互相诉苦导致抑郁

研究发现，女性朋友之间苦水倒得过多的话，对于解决问题不但无益反而有害，甚至会导致焦虑和抑郁等情绪问题的产生。美国密苏里州大学的研究人员用"共同反刍"形容过分沉迷和讨论同一个问题的行为。心理学家表示，这种行为在女性特别是年轻女孩当中非常普遍，她们经常聚在一起讨论"为什么他不打电话来？""我该和他分手吗？"之类的情感问题。"共同反刍"行为带有潜在的传染性，导致不健康的情绪在女性朋友之间互相传染。

测查抑郁程度

下面这个自我诊断量表可帮助你快速诊断出你是否存在抑郁状况。

伯恩斯抑郁症量表

请在符合你情绪的项上打分：

没有0分　轻度1分　中度2分　严重3分

第十四章 抑郁

1. 悲伤：你是否一直感到伤心或悲哀？
2. 泄气：你是否感到前景渺茫？
3. 缺乏自尊：你是否觉得自己没有价值或自以为是一个失败者？
4. 自卑：你是否觉得力不从心或自叹比不上别人？
5. 内疚：你是否对任何事都自责？
6. 犹豫：你是否在做决定时犹豫不决？
7. 焦躁不安：这段时间你是否一直处于愤怒和不满状态？
8. 对生活丧失兴趣：你对事业、家庭、爱好或朋友是否丧失了兴趣？
9. 丧失动机：你是否感到一蹶不振，做事情毫无动力？
10. 自我可怜：你是否自以为自己已经衰老或失去魅力？
11. 食欲变化：你是否感到食欲不振，或情不自禁地暴饮暴食？
12. 睡眠变化：你是否患有失眠症，或整天感到体力不支，昏昏欲睡？
13. 丧失性欲：你是否丧失了对性的兴趣？
14. 臆想症：你是否经常担心自己的健康？
15. 自杀冲动：你是否认为生存没有价值，或不如去死？

0~4 分：没有抑郁症；

5~10 分：偶尔有抑郁情绪；

11~20 分：有轻度抑郁症；

21~30 分：有中度抑郁症；

31~45 分：有严重抑郁症并需要立即治疗。

你的得分＿＿＿＿＿＿＿＿＿＿＿＿＿＿＿＿＿

你的抑郁状态＿＿＿＿＿＿＿＿＿＿＿＿＿＿＿＿＿＿

问题清单与解决方案

我的问题清单

（以下清单由读者根据自己的实际情况填写）

抑郁程度	抑郁症量表结果：
	伯恩斯抑郁症量表结果：
自我感觉	对照前文描述及自己的实际感受逐条列出
	例：胃口不及以前，食欲减退。 　　注意力难以集中。
	1.
	2.
	3.
	4.
	5.

第十四章 抑郁

续表

情绪表现	对照前文描述及自己的实际感受逐条列出
	例：快乐感明显减少，对不快乐的感受与日俱增。 　　因为一些无关紧要的事情而内疚、自责。
	1.
	2.
	3.
	4.
	5.
行为表现	对照前文描述及自己的实际感受逐条列出
	例：曾乐于从事的活动，如读书、听音乐等，做得比以前少了。
	1.
	2.
	3.
	4.
	5.
主要原因	根据以上描述及自身实际情况找出自己抑郁的主要原因
	例：与同事矛盾重重，纠纷不断。 　　自我中心思维。
	1.
	2.
	3.
	4.
	5.

我的解决方案

（以下清单由读者根据自己的实际情况填写）

目标	我意向中的理想状态是什么?
	例：从抑郁中走出来，告别消极心态，让身心感到轻松愉快。
	1.
	2.
	3.
	阶段性目标
	在　　年　　月　　日前，我将达到　　　　状态。
	在　　年　　月　　日前，我将达到　　　　状态。
	在　　年　　月　　日前，我将达到　　　　状态。
	在　　年　　月　　日前，我将达到　　　　状态。
	在　　年　　月　　日前，我将达到　　　　状态。
	注：目标期望值不要定得太高，也不要太急。
利益	实现上述目标将给我带来的利益
	例：生活质量和工作效率明显提高，工作效益大幅增加。
	1.
	2.
	3.
	4.
	5.

第十四章 抑郁

续表

认知	**我现在对抑郁已有了以下新的认识**
	例：抑郁给我的生活带来诸多莫名的烦恼，必须战胜它。
	1.
	2.
	3.
	4.
	5.
行动	**我将采取下述系列行动以消除抑郁**
	1. 立即行动，今天就开始。
	2. 学习自我催眠技术，重点掌握1~2种方法即可。进行10~15天，每天2~3次。
	3. 同时根据书中提供的暗示语脚本，结合自己的实际情况，编写属于自己的暗示语脚本以及催眠音乐。
	4. 将自己导入自我催眠状态，进入状态后插入针对具体问题的暗示语脚本，着手解决自己的问题。
	5. 选择其他应对抑郁的方法，以协助抑郁的消除。
	6. 阶段性目标达成后予以自我奖励。
	7. 一个疗程结束后通过自我感受与量表测评确认治疗效果。

应对抑郁的催眠暗示语脚本

（1）由慢性疼痛带来的抑郁

有研究表明，抑郁患者抱怨有慢性疼痛困扰的比例为 15%～90%，而且抑郁症患者对疼痛的易感性比一般人高。两者的关系表现为，慢性疼痛常伴抑郁症，抑郁状态又会引起或加剧慢性疼痛。所以，若你心情持续低落，生理上又有莫名其妙的疼痛感，不妨从缓解生理上的疼痛做起。

参 考 脚 本

我疼痛的部位是一个大的红色气球，我在注视着这个大气球。这个大的红色气球开始漏气了，慢慢地，变得越来越小……

当气球变得越来越小的时候，它的颜色也变得越来越淡，变成了粉色，此时，我感到疼痛的部位在缩小，不适感变得越来越轻……

气球继续变得越来越小，颜色变得越来越淡，我的疼痛感越来越轻，我感到整个身体越来越好。慢慢地，气球出现了褶皱，颜色变成了浅粉色，我的疼痛感在慢慢消失，我感到全身越来越舒服……

我看到气球变得越来越小，快要消失了。我看到气球的颜色变得越来越淡，快成为白色了，疼痛部位及其不适感越来越轻，几乎没有任何感觉了，我的身体越来越好……

我感到完全正常，没有任何不舒服……

我感到自己变成了一个充满快乐的人，我对生活充满了希望和感激……

（2）婚前抑郁

一些即将踏上红地毯的准新人们会产生婚前抑郁，其主要表现是对结婚等事情的回避和恐慌，谈及内心感受，则是以对未来婚姻生活的怀疑和担心为主。担心"婚姻是爱情的坟墓"，对恋人没有足够信任等。这种忧虑多是负性的、消极的思维，而这种消极思维会使抑郁状况越来越糟。在需要振作的时候，思维却很少进行鼓励，而是不断地折磨与苛求。打破抑郁的恶性循环，最好的办法就是挑战消极思维。

参 考 脚 本

婚姻不是像别人说得那么无奈，两个毫不相干的人从相识、相知到相爱，是一个很自然的过程……固然从爱情过渡到亲情……我要调整好我的心态……

离开自己现在的家庭，去和别人组建一个新的家庭，这当然会有一些担心，不过我和我的恋人会相互信任，相互支持，相互关心……这些事都是水到渠成的，没有值得担心的……

我不是为了结婚而结婚，结婚不是目的，而是我获得幸福的手段……不是终点，而是我开始新生活的起点……是一座向着另一种更美好的生活过渡的桥梁……

他（她）是我一辈子所托付的人，是除了爸爸（妈妈）之外另一个唯一最爱的男（女）人……结婚后，生活在一起有矛盾有摩擦，任何一个家庭都少不了……以后慢慢还会多一个小孩，当然摩擦也会多一点……但我会用公平公正的爱心去处理一切，我相信自己会游刃有余……婚姻是人这一辈子最大的一个盛会，它可以让你拥有更多的财富……从此我就慢慢由一个人变成两个人、三个人……由一个女儿（儿子）的身份角色变成别人的老婆（老公）、孩子的妈妈（爸爸）、孩子的外婆（外公）或者奶奶（爷爷）、别人的儿媳（女婿）……这中间的快乐是要自己去体会的，别人无法形容……我从中必须学会一件事，用爱心去包容身边的亲人……相信自己能行……世界永远是公平的，有付出就有回报，任何一件事都会有解决的办法……

我知道我要摆脱对婚姻生活的幻想，不能抱过高的期望，而应该清楚地认识到新家庭的诞生就意味着责任和付出，意味着双方要为家庭尽心、尽责、尽力……只要我用心经营，婚姻真的会很美好……

结婚也是一件美好的事情，结婚了可以去梦想的地方旅游，可以吃好多好吃的东西，穿漂亮的婚纱，每天可以抱着老公（老婆）睡觉……一想起这些美好的事情，我就会放松、快乐，就会开心起来……

珍惜现在，我就一定是最幸福的新娘（新郎）……

(3）产后抑郁

产后抑郁是妇女在生产孩子之后生理和心理因素造成的，生理因素是内分泌的变化。妇女在怀孕时，雌激素升高，孩子出生后，雌激素迅速下降。心理因素包括过于担心孩子，无法应付产后忙碌的生活，不能接受自身的角色变化等。

参考脚本

我正在体验我内心和身体的放松，这种放松正是我自己所希望的，此时此刻正在放松……

出现产后抑郁没什么可怕的，这很常见，其他的妈妈们或多或少都有过类似的经历，我并不孤单，所以我不是一个坏的或有缺陷的母亲……

不可能事事完美的，我要做好这点心理准备，所以孩子总是哭也并不代表我没有照顾好孩子，并不代表我是无能的……我可以适当地给自己降低要求，不提过高的要求，降低对自己的期望值，保持情绪稳定……

人生不仅有乐观、欢乐、成功、幸福等美好的时光和心境，也有悲哀、沮丧、痛苦、茫然、失败和不幸，关键是要看我能否以乐观、健康的心态去对待所处的境遇……新生命的到来不仅给我带来了欢乐，也带来了繁重的劳动、重大的责任和永无止境的劳碌和操心。但是小宝贝是我的希望，他的健康是我快乐的源泉……他的幸福是我幸福的基础……

我感到自己没有立刻对这个完全依赖自己的小生命产生深

厚的爱，但我不是一个坏妈妈，不是一个不正常的、无情的妈妈……这是一种正常反应，这个阶段会过去的，我应该理所当然地接受……一见倾心尽管在浪漫小说中出现频率奇高，但在现实中并不常出现。持续终生的深深爱恋是随着时间的推移慢慢发展而来的，而在所有爱恋之中，妈妈对孩子那种独有的爱恋是最深厚、最持久的……我相信爱是会来的，而且会随着岁月的流逝自然积累……

在催眠状态中，可以充分发挥自己的想象力，自编、自导出剧情精彩、画面生动的小型迷你电影。通过这样想象美好的场景，能够获得积极情绪的体验。

参考脚本

我看到自己从医院回家了，除了我亲爱的老公，没有其他不相关的人来骚扰我，我感到很轻松……

我关掉了手机，这样可以为自己创造一个安静、闲适、健康的休养环境……

现在有点肚子饿了，我为自己准备了鸡丝粥，这种食物营养丰富，但又清淡，正好符合我的口味……

我要转移注意力，于是我决定收拾一下房间，做做适量的家务活……房间只是有一点乱，我整理了杂乱无章的书桌，将经常要翻阅的书和资料放到了桌角，将杂志、报纸收拾进了左边第三个抽屉，看到清爽的书桌，我的心情也好了很多……

── 第十四章 抑郁 ──

我的体内自动产生了快乐元素,我的心情由内而外地快乐起来……

晚上,宝宝由母亲代为照顾。我和老公一起出去吃晚餐,然后看电影,身心得到了充分的放松……

我现在已经知道,婴儿除了睡眠时间很长以外,在24小时内还要喂食6~10次,每天还要换几次尿片,而且每天可能还要哭上一段时间,所以我要学会创造各种条件,让自己睡个觉,即便半个小时的睡眠也能带来好心情……现在宝贝已经安然入睡了,我要抓紧时间睡睡,哪怕是闭目养神呢……

(4) 职场抑郁

当前社会生活节奏快,很多人不适应;职场竞争激烈,工作任务重,由此带来工作紧张;老板苛刻,难以沟通;发展空间小,没有前途等许多因素困扰着上班族。另外,职场上的复杂人际关系也让上班族身心俱疲,这些都是典型的"职场抑郁"表现。感到抑郁的职员在公司内不积极,但在公司外却很活跃;在工作后和休息日精神都格外抖擞,而一到公司就提不起一点儿精神。归根结底,职场压力太大是抑郁产生的原因,即使不是根本原因也应该算是导火索。枯燥的工作给人一种压抑感,要善于消除职场中的压力,学会调节自己的情绪。

参 考 脚 本

我现在正在彻底地放松,已经进入催眠状态,我所有的注意力都在我的内心,我能够完全地控制自己……

我正走在一条田园小路上,已经完全被周围的自然风光所吸引,道路两旁的树木郁郁葱葱,星星点点的野花点缀着开放在绿茵茵的草地上;天空湛蓝,万里无云,阳光明媚,我脚步轻盈地走着,心情愉悦极了……我沿着小路继续往前走,边走边唱,声音非常美妙和动听,我感到在这里非常的放松和自由自在,就好像完全忽略他人的存在……

专栏72　6种食物防止抑郁

医学研究表明,人的喜怒哀乐与饮食之间有着密切的联系,有的食物能使人兴奋并快乐,有的食物则能使人镇静、焦虑,甚至是狂躁不安。那么,当人们心情抑郁烦躁时吃些什么食物好呢?

全麦面包:它们因为含有大量碳水化合物而成为抗抑郁食物,虽然效果慢一点,但更合乎健康原则。

樱桃:美国密西根大学的科学家们认为,吃20粒樱桃比吃阿司匹林还有效。

深海鱼:哈佛大学的研究报告指出,鱼油中的 $\omega-3$ 脂肪酸,与常用的抗抑郁药如碳酸锂有类似作用,能让我们的身体分泌出更多能够带来快乐情绪的血清素。

香蕉:生物碱可以振奋精神和提高信心,而且香蕉是色氨酸和维生素B6的超级来源,这些都可以帮助我们的大脑制造血清素。

南瓜:因为它们富含维生素B6和铁,这两种营养素都能

第十四章 抑郁

帮助将身体所储存的血糖转变成葡萄糖,而葡萄糖正是脑部唯一的燃料。南瓜派也被认为是菜单上"最聪明"的甜点。

低脂牛奶:温热的牛奶向来就有镇静、缓和情绪的作用,尤其对经期女性特别有效,可以帮她们减少紧张、暴躁和焦虑的情绪。

继续往前走,在小路的前方有许多的石头,几乎挡住了我的路,石头有大有小。我停了下来,看看这些石头,我发现每个石头如同是我工作中的一个个压力或阻碍物,阻挡着我实现事业上的目标。我可能叫不出它们的名字,但无所谓,我知道它们正在阻碍我前进……

这时,地上出现一把铁铲子。现在,我身上出现了一股超人的力量,我看了看周围的石头,我就像超人那样拿起铲子很快地在路边挖出一个大洞,我看着这个大洞,大得足以将所有的石头都放进去,我低下头往洞里看,看不到底部……

我开始搬石头,一块一块地把它们搬起来扔进大洞里,虽然石头很重,但没有关系,我有超人般的力量,我能够很容易地就把它们全部扔到大洞里……

好了,我把所有的石头都搬完了,我拿起铁铲子,铲起周围的泥土,这样就可以填满这个大洞,填满后,我用脚用力地踩踩泥土。现在,我的道路被我清扫干净了,所有的压力和烦恼都被埋葬了……我做了一下深呼吸,感到一身轻松,因为所有的紧张、压力和烦恼都从我心里消失了，我感到了从来没有的放松……

我继续在小路上走下去，我感到非常愉快，我真的好开心，又边走边唱起来，我相信这种幸福的感觉会一直伴随着我的工作……

其他应对抑郁的方法

▲ 计划积极有益的活动。抑郁的人常会感到，自己不得不做一些令人厌倦的事情。但我们可以计划做一些积极的活动，即那些能给我们带来快乐的活动。如果你愿意，可以坐在花园里看书、出门拜访朋友或散步。很多时候，抑郁的人不善于在生活中安排这些活动，他们把全部的时间都用在痛苦的挣扎中，一想到衣服还没洗就跑出去，便会感到内疚。其实，我们需要积极的活动，否则，我们就会像不断支取银行的存款却从不储蓄一样。积极的活动相当于你在银行里的存款，哪怕你所从事的活动，只能给你带来一丝丝的快乐，你都要告诉自己：我的存款又增加了。

▲ 帮助别人。缓解抑郁情绪的另一个有效的方法就是助人。人们情绪低落的原因大多在于沉溺于自己的苦闷之中不能自拔。如果移情于他人的痛苦之中，热心地帮助他人，就能把自己从抑郁中解救出来。泰斯的研究发现，投身志愿活动是改变心境的最佳方法。但人们较少采用这种方法。

▲ 创建"个人空间"。我们常忙于满足他人的需要,以至于没有给自己留下足够的空间。我们忙得疲惫不堪,想逃离这一切。任何人际关系都会时不时地出现紧张。如果你懂得在人际关系中为自己留有一份空间,你将会减少自己潜在的不满及想逃避的欲望。

专栏73 林中漫步绿色疗法

英格兰艾塞克斯大学的学者做了如下研究,将有心理健康问题的被试分成两组,他们分别在乡间绿树丛中和室内购物中心散步30分钟。结果发现,林中漫步者中有71%的人感觉抑郁程度减低,更有90%的人感觉自信心增加。而在室内购物中心散步的人,他们中只有22%的人感觉压力减少,50%的人感觉更有压力,有44%的人自信减少。所以,到绿林中走走不但可以提升精神状态,更可以提供必需的运动及新鲜空气,有效消除抑郁心情。

参考文献

袁弘等编著《自我催眠术帮你缓解慢性疼痛》，重庆出版社，2009。

袁弘等编著《自我催眠术帮你缓解心理压力》，重庆出版社，2009。

邰启扬、李娇娇:《催眠术教程》，社会科学文献出版社，2009。

邰启扬、吴承红:《催眠术治疗手记》，社会科学文献出版社，2007。

郑日昌、江光荣、伍新春编著《当代心理咨询与治疗体系》，高等教育出版社，2006。

梁素娟:《图解催眠术与心里调节》，中国言实出版社，2009。

廖阅鹏:《催眠圣经》，同济大学出版社，2005。

参考文献

曹子策:《催眠术与心理治疗》,安徽人民出版社,2008。

傅安球编著《实用心理异常诊断矫治手册》,上海教育出版社,2005。

黄大一:《催眠大师150招》,安徽人民出版社,2008。

张亚:《催眠心经》,上海科学普及出版社,2006。

蒋勋:《孤独六讲》,广西师范大学出版社,2009。

郑日昌:《情绪管理压力应对》,机械工业出版社,2008。

邰启扬:《减压阀:职场压力调适》,社会科学文献出版社,2006。

邰启扬:《怎么活才不累》,社会科学文献出版社,2008。

朱自贤:《心理学大词典》,北京师范大学出版社,1989。

黄希庭主编《大学生心理健康教育》,华东师范大学出版社,2004。

〔美〕约翰·葛瑞德、理查·班德勒:《催眠天书2》,台北世茂出版社,1997。

恭礤老人编译《世界催眠法总集》,台湾"行政院"新闻局出版社,1982。

〔美〕布鲁斯·戈德堡:《自我催眠——轻松摆脱一切的困扰》,陈超武等译,人民军医出版社,2009。

〔日〕多湖辉:《催眠术入门》,杜秀卿译,大展出版社有限公司,2007。

〔日〕箱崎总一:《孤独心理学》,李耀辉译,作家出版社,1988。

〔日〕中村敬:《轻松告别抑郁症——森田养生法》,施旺红等译,第四军医大学出版社,2008。

〔美〕保罗·吉尔伯特:《走出抑郁》,宫宇轩、施承孙译,中国轻工业出版社,2006。

〔德〕瑞文斯·托夫等:《自我催眠:做自己的心理咨询师》,方新译,中国轻工业出版社,2007。

〔德〕威廉·约南:《放松自己大步走》,顾丽娟、陈坤泉译,智慧大学出版有限公司,2002。

〔英〕大卫·T.罗利:《催眠术与催眠疗法》,博延龄、郑永峰译,1992。

袁玉华、庄素定、何莉:《产后抑郁症的预防及护理》,《当代护士》(学术版)2004年第9期。

韩明清、王桂红、李淑玉:《产后抑郁症发生情况调查及预防对策》,《中华护理学杂志》2003年第6期。

王晓刚、陈卓:《孤独的概念辨析》,《保健医学研究与实践》2007年第4卷第1期。

李传银、王燕:《孤独心理研究的回顾》,《社会心理研究》1999年第1期。

马蔚蔚:《大学生孤独感及其影响因素的研究》,硕士学位论文,陕西师范大学,2005。

Brain M.Alman & Peter Lambrou, *Self-Hypnosis—The Complete Manual For Health And Self-Change*（Second Edition）, New York & London: Brunner-Routledge, 1992.

R.August, *Hypnosis in Obstetrics*, New York: McGraw-Hill, 1961.

J.Hartland, *Medical and Dental Hypnosis*, Baltimore: Williams & Wilkins, 1971.

J.C.Ruch, "Self-hypnosis: The Result of HeteroHypnosis or Vice Versa?" *International Journal of Clinical and Experimental Hypnosis*, Vol. 23, 1975.

P.Sacerdote, "Teaching Self-hypnosis to Adults, *International Journal of Clinical and Experimental Hypnosis*, Vol. 29, 1981.

D.A.Soskis, *Teaching Self-hypnosis: An Introductory Guide for Clinicans*, New York: W.W. Norton & Company, 1985.

图书在版编目(CIP)数据

自我催眠术:心理亚健康解决方案/邰启扬等著. -- 2版. -- 北京:社会科学文献出版社,2018.3
(邰启扬催眠疗愈系列)
ISBN 978-7-5201-2097-5

Ⅰ.①自… Ⅱ.①邰… Ⅲ.①催眠术 Ⅳ.①B841.4

中国版本图书馆CIP数据核字(2017)第327433号

·邰启扬催眠疗愈系列·

自我催眠术:心理亚健康解决方案(第2版)

著　　者 / 邰启扬 等

出 版 人 / 谢寿光
项目统筹 / 王　绯　黄金平
责任编辑 / 黄金平
漫画作者 / 王家琪

出　　版 / 社会科学文献出版社·社会政法分社(010)59367156
　　　　　 地址:北京市北三环中路甲29号院华龙大厦　邮编:100029
　　　　　 网址:www.ssap.com.cn

发　　行 / 市场营销中心(010)59367081　59367018
印　　装 / 三河市尚艺印装有限公司

规　　格 / 开　本:880mm×1230mm 1/32
　　　　　 印　张:10.625　字　数:220千字

版　　次 / 2018年3月第2版　2018年3月第1次印刷
书　　号 / ISBN 978-7-5201-2097-5
定　　价 / 68.00元

本书如有印装质量问题,请与读者服务中心(010-59367028)联系

▲ 版权所有 翻印必究